混合式教学设计
及其在能源与动力工程专业中的应用

李乃良　著

中国矿业大学出版社
·徐州·

图书在版编目(CIP)数据

混合式教学设计及其在能源与动力工程专业中的应用 /
李乃良著. — 徐州：中国矿业大学出版社，2024.11.
ISBN 978-7-5646-6553-1

Ⅰ.TK

中国国家版本馆 CIP 数据核字第 2024TZ2868 号

书　　名	混合式教学设计及其在能源与动力工程专业中的应用	
著　　者	李乃良	
责任编辑	马晓彦	
出版发行	中国矿业大学出版社有限责任公司	
	（江苏省徐州市解放南路　邮编 221008）	
营销热线	（0516）83885370　83884103	
出版服务	（0516）83995789　83884920	
网　　址	http://www.cumtp.com　**E-mail**：cumtpvip@cumtp.com	
印　　刷	江苏凤凰数码印务有限公司	
开　　本	880 mm×1240 mm　1/32　**印张** 4.375　**字数** 114 千字	
版次印次	2024 年 11 月第 1 版　2024 年 11 月第 1 次印刷	
定　　价	19.60 元	

（图书出现印装质量问题，本社负责调换）

前　言

　　面对持续演进的新一轮科技革命和产业变革对多元化卓越工程人才的迫切需求,高等院校创新人才培养面临更高的挑战。在当前的社会背景和教学模式下,传统教学模式主要以线下教学为主,不能充分起到培养学生创新思维和能力的作用,导致"教"与"学"环节衔接不畅。

　　能源与动力工程专业是面向能源转化与利用而建设的新工科专业,其特点是应用范围广、发展潜力大,多年来一直保持着较高的就业率。本专业着力培养具备解决复杂工程问题能力的创新型人才,满足国家新兴能源资源战略发展需求。然而能源与动力工程专业的教学方法和模式多以线下面授为主,受限于仪器性能、人员和环境安全等众多因素,教学往往只能满足特定条件理想工况下的需求。缺乏有效的教学手段,导致理论基础知识与工程实际运用之间存在脱节,不利于创新素质的提高和工程应用型人才的培养。

　　伴随着信息技术的飞速发展,教育教学正面临着数字化转型,而混合式教学方法是当前最受关注的教学方法。混合式教学是指以网络平台为支撑,有机融合线上教学和线下课堂教学,学生是教学过程的主体,而教师在教学中起引导作用。本书瞄准能源动力工程专业的教学特点和需求，深入分析阐述了混合式教学的理念、模式和方法，主要内容如下：① 阐述了以学生为中心的教学模式与教学理念；② 以当前受到普遍关注的线上、线下教学方法为例，介绍了混合式教学模式的特征及设计和构建原则；③ 分析了信息技术背景下，能源动力工程专业开展混合式教学的需求和可行性，阐述了教育教学理念和方法转变的机遇与挑战，以及能源与动力工程专业开展混合式教学的路径、方法和策略；④ 为便于读者参考和实践，本书结合流体力学课程，提供了两个混合式教学的实施案例，一个是基于虚拟仿真实验的混合式教学，另一个是基于 MOOC 的混合式教学。

本书既可为新时期能源动力工程专业的教学提供案例，也可为相关工科专业丰富教学方法提供参考。由于作者教学经验还不够丰富，教学理念的学习和教学方法在实践中的运用也有待于进一步提高，恳请有兴趣的读者能够提出建议，以便提高学生的学习体验和教学效果。

作 者

2024 年 10 月

目　录

第 1 章

教学模式与教学理念

1.1 教学模式的概念与构成

1.1.1 基本概念

所谓教学模式,是指在相应的理论基础上,为达成一定的教学目标而构建的较稳定的教学结构或程序。

教学模式也可称为学习模式。美国教学模式研究专家乔伊斯等人提出,教学模式既是教师教学的模式,又是学生学习的模式。教学模式就是学习模式。一种教学模式就是一种学习环境。教学过程的核心就是创设一种环境。在这个环境里,学生能够相互影响,学会如何学习。教师在帮助学生获得信息、思想、技能、价值、思维和表达方式时,也在教他们如何学习。事实上,教育的最终目的是提高学生的学习能力。

1.1.2 主要特征

教学模式具有如下典型特征,如表 1-1 所示。

教学模式具有形象具体的表征、开放性的动态结构和可操作性的特点,具有启示、借鉴、模仿和迁移、转换的价值。面对多样化的教学模式,优秀的教师需要能够结合具体的教学情境予以灵活变通或重构,以发挥模式的最大效用。

表 1-1　教学模式的典型特征

原型	教学模式是对教学活动方式的抽象概括,源于教学活动经验。成熟教学模式的基本结构相对稳定,但不是一成不变的,不等于公式,而是一个开放的和不断完善的动态系统
模型	教学模式是各要素及其相互关系的结构化的、简约化的表达方式,是对理论基础、目标、条件、策略/方法和评价的有机整合,是对教学的空间关系和时间关系的系统概括。在空间上表现为多要素的相互作用方式,在时间上表现为操作的过程顺序
范式	在一定范围内,教学模式具有一定的代表性和示范性。任何教学模式都有一定的适用范围,有其独特的运作条件和系统的策略/方法

从教学模式的发展来看,还具有如下特点。

1.1.2.1　稳定性与灵活性

教师仅仅在某一节课或几次简单的教学活动中很难建立起教学模式。教学模式往往是从长期的、大量的教学活动中总结出来的,是对教学过程的高度概括。教学模式不同于教学方法,后者不具备良好的稳定性。实施教学模式,需要用到多种教学方法,在教学中常常是将多种教学方法结合起来综合运用,以配合教学模式的实施,最终目的是服务于教学目标的。在长期的教学实践中概括出来的教学模式具有稳定性,其在教学活动的开展中发挥着重要的指导作用。

教学实践具有规律性、普遍性,基于此而构建的教学模式也具有一定的稳定性。教学模式一旦形成,短期内不会发生很大的变化,但它依然具有一定的灵活性,这是针对其与外界环境的关系而言的。教学环境在不断变化,教学目标与任务也不是一成不变的,在一定教学环境下形成的且为一定教学目标服务的教学模式自然就具有灵活性的特征,其稳定性不是绝对的,更多地体现在教学系统结构和功能的稳定上。

此外,学生之间存在个体差异,学生随着年龄的变化身心特征也会变化,围绕学生主体实施的教学模式也要顺应这种变化,体现出灵活的一面。

1.1.2.2 开放性与个性化

教学结构体系与方法论体系在教学模式中能够得到清晰的反映,教学结构框架和教学方法论体系具有相对的稳定性和一定的开放性。教学理论在不断充实与完善,教学过程因系统内部各种因素的不断变化而显得复杂,而且外界环境因素也会对教学活动产生较大的影响。因此,要不断调整教学模式的结构,不断改进其功能,使其功能得到充分发挥,最终促进教学质量的提高,可见教学模式具有开放性。

封闭状态下的教学模式没有持久的生命力,它们会随着教学理论与实践的不断发展而从课程教学中消失。开放状态下的教学模式结构更加合理,有助于将自身的功能充分发挥出来,从而最大限度地提升教学效果。

教学模式的个性化特征主要体现为其个性色彩十分鲜明。不同的教学模式都有自己的特点、优缺点及适用范围。此外,教学模式都是建立在一定的理论基础上的,每一种教学模式都充满个性,在教学中发挥着自己独特的价值。

1.1.2.3 时代性与发展性

教学模式具有时代性特征,我们应该从历史的角度来理解这一特征。教学活动作为社会实践活动的一部分具有自身的特殊性,时代的痕迹深深地烙在教学模式中。不同历史时期和不同地域文化对教学提出了不同要求,而且不同社会发展时期对教育对象的素质也有不同要求,正因如此,教学目标在不同时期也是不同的。根据教学目标设计的教学方法、选用的教学策略、构建的教学模式自然也会随之变化。教学模式的结构与功能有相对稳定性,但也会随着社会的发展进步而不断优化与完善,因此教学模式具有鲜明的时代性特征。

教学模式丰富多彩,新模式出现后,一些传统的旧模式便会退出课堂。由此可见,从纵向的角度来看,教学模式具有鲜明的发展性特征。随着教学的不断发展,传统教学模式中有些因素已不能适应新的教学,其落后性日益显露,功能的发挥受到抑制,这时需要依据新的理论基础来构建适应教学现状和满足教学目标及要求的新教学模式,这也是教学模式不断发展与更新的主要原因。

1.1.3 总体构成

一般而言,一个完整的教学模式包括以下五个基本构成要素,如表 1-2 所示。

表 1-2 教学模式的基本构成要素

要素	内涵
理论基础	教学模式所依据的哲学、心理学、文化学、教育学、技术学等方面的基础
目标倾向	教学模式是为实现特定的教学目标而构建的
实现条件	促使教学模式发挥功效的各种条件(教师、学习者、内容、技术、策略、方法、时间、空间等)的优化组合结构

表 1-2（续）

要素	内涵
操作程序	指特定的教学活动程序或逻辑步骤，可根据实际的教学情境而灵活变通
效果评价	因理论基础、目标倾向、实现条件、操作程序等方面不同，每种教学模式有不同的评价理念、标准和方法

　　教学模式的这五个基本构成可以进一步简化为"一个前提，两个要素"。"一个前提"是指任何一种教学模式都是以相关的理论为前提或基础的；"两个要素"其一是结构，其二是程序。教学模式既表现为一种结构，又表现为一种程序。

　　因不同的教学情境或教学过程，要素的关系表现出不同的组合和操作方式，教学情境中的主体应当予以灵活控制，教师要充分发挥教学设计的主体性作用。相对说来，结构是静态的，程序是动态的。换句话说，结构是"常"，程序是"无常"，取决于教学情境的特点和教师、学习者主体性的发挥程度。

　　教学模式是一个有力但同时也很脆弱的工具，在使用教学模式时，教师可能要思考这样一些问题：哪种教学模式适合完成当前的教学任务？在什么情况下使用哪种教学模式最合适？某种教学模式是否比另一种更为有效？为此，乔伊斯等人对使用教学模式提出了一些有益建议。

　　（1）每一种教学模式都是整体教学模式的一部分。

　　（2）一种教学模式有其特定的效能，适用于特定的学习类型。有些教学模式是专门为某一特定的学习目的、任务而设计的。

（3）综合使用教学模式来完成学习任务非常重要。

（4）一种教学模式可以帮助某个学生学到很多东西，但不一定适合所有的学生。

（5）一种教学模式的效能有限，不可能适用所有的学习任务，同时，没有哪种教学模式享有优先权或者说是实现教学目标的唯一途径。

从个人或职业发展的角度看，教师不是使用一种或两种教学模式来完成教学任务，而是要利用多种教学模式来挖掘教师和学生的潜能。教师希望学生能从多种教学模式中获益。教师掌握和使用教学模式的能力越强，学生的学习能力提高幅度也就越大。

1.2 教学模式的分类

一般来说，教学模式的分类途径有两种。其一是按功能分类：以教学目标、任务、条件和作用等外部因素为分类依据。其二是按结构分类：以教学程序、组织形式、动力因素及其所遵循的基本指导思想等内部因素为分类依据。两种分类途径各有利弊，但结构分类的真实性和逻辑性要比功能分类更可靠一些，当前，采用比较多的是两种途径相结合的办法。

1.2.1 基于功能的分类

教学模式主要有哲学模式、心理学模式、社会学模式、管理学模式和基于教育学角度分类的模式。

1.2.1.1 哲学模式

哲学模式以哲学特别是认识论为主要依据。比较典型的如赫尔巴特模式、杜威模式和凯洛夫模式。

1.2.1.2 心理学模式

心理学模式以学习类型和学习理论为两大参照点。在教学心理学中,学习分类有多种形式:按学习情境和任务划分(如经典条件反射和操作条件反射);按学习方式划分(如接受学习和发现学习);按学习心理机制划分(如有意义学习和机械学习);按学习内容划分(如物理学习和化学学习)。比较典型的如乔伊斯等人的教学模式分类。

1.2.1.3 社会学模式

社会学模式主要从影响课程教学的各种社会因素或直接运用一般社会过程和团体动力学理论来构建教学方式体系。如英国的艾雪黎综合了一个班级教学理论模式体系,认为教学方式有三种类型:① 将社会价值经过社会化过程灌输给所有社会成员;② 强调系统知识的重要性,教师的权威来源于高超的学识,教师采取实用的观点控制学习方式,学生求学是为了升学;③ 强调学习过程的重要性。教学过程完全依据学生发展的需要,即以学生为中心,教师处于辅导地位。控制学生的方式以激发学生的动机为主,采取民主参与的形式。

1.2.1.4 管理学模式

管理学模式主要是从课堂教学组织和管理出发。合理安排教师的教和学生的学,通过严格的目标选择和结果评估等手段来提高教学效率。比较典型的如苏联巴班斯基的教学过程最优化体系,美国卡罗尔、布鲁姆的掌握学习模式等。从现代管理学模式和计算机管理中衍生出来的管理学、技术学或工艺学模式,将在整个教学模式体系中占有越来越重要的地位和作用,因为它们的重心恰恰是在教学的技术上,而不是在理论或观念上。

1.2.1.5　基于教育学角度分类的模式

从教育学角度进行的分类则具有较大的现实意义,它不仅说明了具有鲜明学术特征的典型教学模式,而且也囊括了那些经验性的教学模式或介于模式之间的各种变式。美国小安格林等在《教学论》一书中把教学模式分成两大类:以群体为定向的教学模式和以个体为定向的教学模式。

1.2.2　基于结构的分类

这种分类最为典型的是美国乔伊斯等人关于教学模式的分类。他们将教学模式分为四种:信息加工模式、个性模式、社会交往模式和行为模式(见表1-3)。

表1-3　乔伊斯等人的教学模式分类

模式类别	理论依据	重心	目标	教学方法
信息加工模式	认知主义的信息加工理论,根据计算机/人工智能的运行规则来确定教学过程,把教学看作一种信息加工过程	知识获得和智力发展	改善逻辑思维过程,培养批判性思维和深度思维能力	概念获得的探究模式、数学问题求解的记忆模式、生物科学的探究模式
个性模式	个别化教学理论与人本主义教学思想,强调个体在教学中的主观能动性,主张个别化教学	人的潜力开发和人格发展	开发个体内部资源,用新的/不同的方法看待事物	头脑风暴、求同存异法、课堂会议、思维导图、启发式教学

表 1-3（续）

模式类别	理论依据	重心	目标	教学方法
社会交往模式	社会互动理论,强调教师与学生、学生与学生之间的相互影响和社会联系	社会性和品格的发展	掌握社会技能和沟通能力	合作学习、群体讨论、全身反应、角色扮演、法律调查、社会科学调查
行为模式	行为主义心理学,强调环境刺激对学习者行为结果的影响	学生行为习惯的控制和培养	通过知识与技能的教学改变学习者的行为和传承文化	直接教学、掌握学习法、模拟、程序教学、计算机操作与练习

　　乔伊斯等人的这种教学模式分类主要基于两种基本假设:① 教学中存在多种学习类型,大部分学习类型需要不同的教学方式方法;② 学生具有不同的学习风格,要想使他们每个人都成为有效的学习者,必须采用不同的教学方式方法。

　　上述四种教学模式都适用于特定的学习类型和学习目的,同时也分别反映了一定的心理学思想。比如信息加工模式主要反映认知心理学的观点:布鲁纳等人的"概念获得"模式注重通过归纳推理来形成概念;皮亚杰等人的"认知生长"模式旨在促进一般智力(尤其是逻辑推理)的发展;奥苏贝尔的"先行组织者"模式旨在提高处理知识的信息加工能力。个性模式主要反映人本主义心理学的观点:罗杰斯的"非指导教学"强调通过自我感知、自主性和自我概念等因素促进个性发展;戈登的"创造技术学"旨在促进个人创造和创造性问题求解能力的发展。在社会交往模式和行为模式中,斯金纳、加涅和杜威等人的观点,都是比较典型的代表。

1.2.3　基于教学论的分类

教学论的主体包括教的理论和学的理论两部分,核心是教师与学生。在教学过程中,教师要发挥主导作用,学生要发挥主动作用。由教学过程的重心是偏向教的方面还是学的方面,可以划分为五种教学模式:问答模式、授课模式、自学模式、合作模式和研究模式(见表1-4)。这五种模式是一个发展序列。从问答模式到研究模式,学生的学习主动性逐渐增强,教师的主导性逐渐减弱,体现了"教是为了不教"和"教是为了发展"的教学规律。

表1-4　基于教学论的教学模式分类

名称	特点	基本过程
问答模式	师生问答,启发教学	提问—思考—答疑—练习—评价
授课模式	教师中心,系统授课	授课—理解—巩固—运用—检查
自学模式	学生中心,自学辅导	自学—解疑—练习—自评—反馈
合作模式	互教互学,合作学习	诱导—学习—讨论—练习—评价
研究模式	问题中心,论文答辩	问题—探索—报告—答辩—评价

我国教育专家祝智庭教授认为,教学模式的文化差别可以从认识论与价值观两个角度来考察。从认识论角度来看,存在两种对立的观点,即客观主义与建构主义;从价值观角度来看,也存在两种对立的观点,即个体主义与集体主义。个体主义是美、英等西方国家的价值观核心,在教育中表现为普遍采取个别化教学计划。集体主义价值观在社会主义国家和许多东方国家中占主导地位,在教育中表现为普遍采取集体教学计划。

从教育文化角度考察教学模式分类,可以把各种文化中所蕴涵的价值观和认识论看作两个基本变量,每个变量有两个不同的取值:价值观(个体主义—集体主义)、认识论(客观主义—建构主义)。如果将它们组合,便可产生四种不同的教育文化类型:个体主义—客观主义、个体主义—建构主义、集体主义—客观主义、集体主义—建构主义。但这种分类只能反映少数比较极端的情况,因为变量的两极化造成了分类的对立,而文化系统之间的差异不同于对立。因此,我们可以采用平面几何的方法,将个人主义—集体主义、客观主义—建构主义作为描述各种不同教育文化的二维分类模型。

从认识论角度来看,客观主义倾向的教学模式一般适合于"良构"领域中基础知识的学习,学习结果是"聚合"的,知识应用通常表现为"近迁移",具有较高的教学效率。建构主义倾向的教学模式比较适合于"劣构"领域或高级知识的学习,学习结果往往是"发散"的,知识应用通常表现为"远迁移",具有较好的教学效果。无论是中国还是外国,传统的教育文化或教学模式都是倾向于客观主义的,但现在许多西方国家的教育研究与实践已兴起建构主义教学模式。近年来,我国的教育领域研究也在探索建构主义方面做了不少努力。

1.3　几种经典的教学理论

1.3.1　建构主义教学理论

建构主义,也称建构-阐释主义,是反思、质疑、批判、超越和制衡客观主义而兴起的一种哲学观,有其特定的本体论、认识论、人论和方法论。

1.3.1.1　本体论

本体论倾向于唯名论,把外在世界看作一个柔性的世界,是人的主体生命表现或实践的场所,是人的主体生命或生命圈的一部分。把这个观点推向极端,可以把世界看成人的主体生命创造的产物,实践是生命的一部分,甚至是人所赋予或阐释的意义结构网络。

1.3.1.2　认识论

认识论倾向于反实证主义,认为人们所获得的知识是柔性的或弹性的,是在人的主体生命影响下产生的主观知识,所谓知识只不过是人为的心灵意识对整个外在世界所做的理解或意义建构。如果将知识看成以语言符号为主的意义结构网络,那么知识很难有真伪的问题,也没有放之四海皆准的知识,只有相对真理,没有绝对真理。

1.3.1.3　人论

人论倾向于意志论,认为社会世界是人或主体阐释和创造的产物,把社会世界主体化、人化与内在化,人就拥有主体能动性、创造性的角色。

1.3.1.4　方法论

方法论倾向于表意论,认为研究者可以采取独特的而非重复的方法或途径去认识社会世界,人无法按照既定的模式或途径去获得社会世界的知识。人认识和掌握社会世界的过程,其实是与自我生命进行高度内在化的对话过程,需要进一步阐释、理解自我生命的意义。每个人对社会世界的认识,会依赖整个主体生命的经验而做出相应的解释,因此,价值中立以及研究必须客观等问题是不存在的。

建构主义映射到教学领域,就产生了建构主义教学哲学观或教学理念,其系列特点及关键词如表 1-5 所示。

表 1-5 建构主义教学哲学观的系列特点及关键词

特点	关键词
知识观	知识是在行为活动或经验中建构的,是逐渐显现的、情境化的和分布式的
课程观	动态的、松散的学科结构,是开放的和整合的
学习观	知识建构、解释世界、建构意义、劣构的、真实-经验的、阐释-反思的、重视过程的
教学观	反映多种观点、复杂度递进的、发散性/多样性的、由下至上的、归纳式的、认知学徒制的、模拟、指导、探究、以学习者为中心
动机观	主要是内在的、持久的、自动自发的
评价观	重视过程、学习技能、自我探究、社会性和交际性技能
学习经验	以过程为中心、强调对过程的反思
教师角色	合作者、帮促者
学生角色	知识建构者、运用工具的主动探索者、做中学
师生关系	民主平等、协作、互动对话关系

建构主义教学哲学观具有下列特点:

(1)知识的建构性。知识不是对外部客观世界的被动反映,不是有关绝对现实的知识,而是个人对知识的建构,亦即个人创造有关世界的意义,而不是发现源于现实的意义。世界具有无限的复杂性,主体具有巨大的认识能动性。

（2）知识的社会性。强调知识的社会本质，认为知识既存在于人的大脑中（个体的），更存在于团体/共同体中（社会的）。知识是通过个人与社会之间的互动、中介、转化等方面的张力形式而构建的一个完整的、发展的实体。

（3）知识的情境性。知识是个人和社会/物理情境之间联系的属性，是互动的产物，也是心理内部的表征，强调认知与学习的"交互"特性和"实践"的重要性，注重研究和理解学习的社会、历史、文化本质。

（4）知识的复杂性。知识总是和认知者在特定情境中的求知过程密切相关的，包括对真理的质疑、对知识的渴求、对知识的建构与理解以及相应的情境脉络，知识难以直接获取或传递给他人。知识是复杂的，一是因为世界是复杂且普遍联系的；二是因为每个认知者的建构过程和结果是独特的。复杂知识的主要特征是结构的开放性、不良性，知识的建构性、协商性、情境性，以及应用的不规则性。

（5）知识的沉默性。强调知识的隐性特点及隐性知识的学习。隐性知识，是指大部分的经验知识，是难以表达和交流的个体内部的经验知识。隐性知识像雾一样，弥漫在人的意识活动中，是人类知识各层次融会贯通、触类旁通的关键，而显性知识则像粒子一样，离散地存在于意识活动中。隐性知识和显性知识不仅互为前提，而且还在一定条件下互相转化。

从建构主义看来，知识与其说是个名词，不如说是个动词。知识是一个不断认知和建构的过程，是解决问题的工具。建构主义学习理论不是一个特定的学习理论，而是许多理论观点的统称。它是对学习的认知理论的一大发展。它的出现被人们誉为当代教育心理学的一场革命。建构主义理论的主要代表人物有皮亚杰、斯腾伯格、卡茨、维果斯基等。

1.3.2　人本主义学习理论

人本主义学习理论是二十世纪五六十年代在美国兴起的一种心理学思潮，其主要代表人物是马斯洛和罗杰斯。人本主义的学习与教学观深刻地影响了世界范围内的教育改革，是与程序教学运动、学科结构运动齐名的二十世纪三大教学运动之一。

人本主义学习理论是建立在人本主义心理学基础之上的。人本主义主张心理学应当把人作为一个整体来研究，而不是将人的心理分解为不完整的几个部分，应该研究正常的人，而且更应该关注人的高级心理活动，如热情、信念、生命、尊严等内容。人本主义学习理论从全人教育的视角阐释了学习者整个人的成长历程，以发展人性；注重启发学习者的经验和创造潜能，引导其结合认知和经验肯定自我，进而自我实现。人本主义学习理论重点研究如何为学习者创造一个良好的环境，让其从自己的角度感知世界，发展出对世界的理解，达到自我实现的最高境界。

人本主义心理学是有别于精神分析与行为主义的心理学界的"第三种力量"，主张从人的直接经验和内部感受来了解人的心理，强调人的本性、尊严、理想和兴趣，认为人的自我实现和为了实现目标而进行的创造才是人的行为的决定性因素。人本主义心理学代表人物罗杰斯认为，人类具有天生的学习愿望和潜能，这是一种值得信赖的心理倾向，它们可以在合适的条件下释放出来；当学生了解到学习内容与自身需要相关时，学习的积极性最容易被激发;在一种具有心理安全感的环境下可以更好地学习。罗杰斯认为,教师的任务不是教学生知识,也不是教学生如何学习知识,而是要为学生提供学习的手段,至于应当如何学习则由学生自己决定。教师的角色应当是学生学习的"促进者"。从以上的简单介绍可以发现,不同的学习理论流派强调了学习的不同方面。实际上,这种差异往往是由它们所依据的研究背景的差异(如学习任务的难易程度、学习材料的组织程度等)引起的。只要我们认真加以分析,就能够发现它们的共性以及各种理论之间的内在联系。在学习各种派别的学习理论时,我们应当注意防止走极端,吸收各种学习理论中的合理因素为我所用,这才是正确的态度。

人本主义学习理论强调人的潜能的发展和自我实现,强调学生的有意义学习、全面发展、主体地位和情感陶冶,促进学习主动性与创造性的发挥,主张教育是为了培养心理健康、具有创造性的人,并使每个学生达到自己力所能及的最佳状态。其可信理念主要有相信良好的人际关系是有效学习的重要条件,尤其是罗杰斯倡导的师生"平等、真实、尊重、理解"的思想,强调学生的主体地位,强调学生的需要、兴趣、情感和价值,主张采用情感教学,倡导培养人的健康人格,让学生更有尊严、更自在、更幸福、更有价值,达到心灵生活的充实和自我完善。把培养学生的创造力作为教育的目标,相信人人都有创造力,人人都有创造的潜能,把自由创造作为人生追求的最高目标。重视环境对学生的影响作用,主张为学生提供宽松、自由、信任的良好学习氛围,为学生提供丰富的学习资源。

1.3.3　认知学习理论

认知学习理论认为,学习不是在外部环境的支配下被动地形成刺激-反应联结,而是主动地在头脑内部构造认知结构;学习不是通过练习与强化形成反应习惯,而是通过顿悟与理解获得期待;有机体当前的学习依赖于他原有的认知结构和当前的刺激情境,学习受主体的预期所引导,而不受习惯所支配。科勒的完形-顿悟说、布鲁纳的认知-结构学习论,以及奥苏伯尔的有意义接受学习论是认知学习理论的主要代表。

德国心理学家科勒曾对黑猩猩的问题解决行为进行了一系列的实验研究,从而提出了与尝试-错误学习理论相对立的完形-顿悟说。科勒的实验主要有两个系列:箱子问题与棒子问题。在单箱情境中,将香蕉悬挂于黑猩猩笼子的顶板,使它够不着,但笼子中有一箱子可利用。在识别箱子与香蕉的关系后,饥饿的黑猩猩将箱子移近香蕉,爬上箱子,摘下香蕉。在更复杂的叠箱情境中,黑猩猩把握了箱子之间的重叠及其稳固关系后,也解决了这一较复杂的问题。科勒在另一个实验中,把黑猩猩置于笼内,笼外放有食物,食物与笼子之间放有竹竿。在简单情境中,黑猩猩只要使用一根竹竿便可获取食物;在复杂情境中,黑猩猩则需要将两根竹竿接在一起(一根小竹竿可以插入另一根大竹竿),方能获取食物。在复杂情境中,最初只见黑猩猩一会儿用小竹竿,一会儿用大竹竿来回试着拨香蕉,但怎么也拨不着。它只得把两根竹竿拉在手里飞舞着,无意间它把小竹竿的末端插入了大竹竿,使两根竹竿连成一根长竹竿,并马上用它拨到了香蕉。黑猩猩为自己的这一"创造发明"而高兴,并不断地重复这一接棒拨香蕉的动作。在第二天重复这一实验时,科勒发现黑猩猩很快就能把两根竹竿连起来取得香蕉,而没有漫无目的的尝试。

科勒认为,学习是通过顿悟过程实现的,是个体利用本身的智慧与理解力对情境及情境与自身关系的顿悟,而不是动作的累积或盲目的尝试。顿悟虽然常常出现在若干尝试-错误的学习之后,但不是桑代克所说的那种盲目的、胡乱的冲撞,而是在做出外显反应之前,在头脑中要进行一番类似于"验证假说"的思索。动物解决问题的过程似乎是在提出一些"假说",然后检验一些"假说",并抛弃一些错误的"假说"。而建立和验证"假说",需依赖以往的有关经验,因此学习包括知觉经验中旧有结构的逐步改组和新结构的豁然形成,顿悟是以对整个问题情境的突然领悟为前提的。动物只有在清楚地认识到整个问题情境中各种成分之间的关系时,顿悟才会出现。换言之,顿悟是对目标和达到目标的手段、途径之间关系的理解。

认知学习理论认为,学习的实质是在主体内部构造完形。完形是一种心理结构,它是在机能上相互联系和相互作用的整体结构,是对事物关系的认知。科勒认为,学习过程中问题的解决,都是由于对情境中事物关系的理解而构成一种"完形"来实现的。例如,在接棒取物的实验中,黑猩猩不是因为偶然看到棒子拿起来玩耍,才偶然得到笼外的食物的,而是先看一看目标物,考虑到所要达到的目的,再开始接棒取物的。它的行为是针对食物(目标),而不仅是针对棒子(工具)的。这就意味着,动物领会了食物(目标)和棒子(工具)之间的关系,在视野中构成了食物与棒子的完形,才发生了接棒取物的动作。由此可见,学习的过程就是一个不断进行结构重组、不断构建完形的过程。

　　完形-顿悟说作为最早的一种认知性学习理论,肯定了主体的能动作用,强调了心理所具有的组织功能,把学习视为个体主动构造完形的过程,强调观察、顿悟和理解等认知功能在学习中的重要作用,这对反对当时行为主义学习论的机械性和片面性具有重要意义。但是,科勒的顿悟学习与桑代克的尝试-错误学习并不是互相排斥和绝对对立的。尝试-错误往往是顿悟的前奏,顿悟则是练习到某种程度时出现的结果。尝试-错误和顿悟在人类学习中均极为常见,它们是两种不同方式、不同阶段或不同水平的学习类型。一般说来,解决简单的、主体已有经验可循的问题时,往往不需要进行反复的尝试-错误学习;而解决复杂的、创造性的问题时,大多需要经过尝试-错误的学习过程,方能产生顿悟。

第 2 章
线上线下混合式教学设计基本原则

2.1 混合式学习概述

2.1.1 概念

混合式学习（blended learning）是教育领域出现的一个新名词，它结合了在线学习（online learning）和面授教学（offline learning）的优势，是一种新型的学习方式或学习理念，人们可以根据不同情境和目标，在时间、地点、路径、进度等方面灵活选择一个整体性课程的在线部分和面授部分。混合式学习旨在通过结合传统学习手段和在线学习手段，使学习更容易、更便利，从而实现最佳的学习效果。

混合式教学有广义与狭义之分。广义上的混合式教学包括学习理论、教学媒体、教学模式、教学方法等多种意义上的混合；狭义上的混合式教学专指线下和线上教学的混合。但目前学者普遍认可混合式教学的狭义概念，Bonks 教授认为，作为一个专业概念，混合式教学界定为线上和线下教学的混合是比较合适的，不至于造成概念的泛化。

时代的发展使混合式教学既成为需要，也成为可能。教育部在 2016 年印发的《关于中央部门所属高校深化教育教学改革的指导意见》中提出,推动校内校际线上线下混合式教学改革。2019 年,教育部发布的《关于一流本科课程建设的实施意见》中提出建成一流本科课程的"双万计划",其中包括 6 000门左右国家级线上线下混合式一流课程。2020 年新冠肺炎疫情肆虐,全球许多高校采用了在线教学的方式,在"停课不停教,停课不停学"的号召下我国高校也以各种形式积极开展在线教学,在应对危机的同时也为实施混合式教学积累了经验,未来混合式教学将会成为高校教学的主要形态。

混合式学习模式包含在线环节、面对面环节和整体性课程,各环节的特点如下:

(1)在线环节。至少有一部分通过网络进行,在线期间可以自主控制时间、地点、路径或进度。

(2)面对面环节。至少有一部分在师生面对面的线下场所进行。

(3)整体性课程。在线环节和面对面环节相互补充,形成一个完整的教与学的过程。

然而,线上教学和线下教学如何混合可以被称为混合式教学,学者们则众说纷纭。有学者提出,要从线上、线下的教学比例来区分混合式教学和其他教学,比如 Means 认为"线上所占比例为 30%～79%的是混合式教学,低于 30%的称为网络辅助教学,高于 80%的称为在线教学"。然而,越来越多的学者意识到混合式教学讨论的重点不应该是线上、线下的比例,而应该在于研究两者如何配合,如何发挥各自的优势才能更好地促进学生学习,并且这两者的配合带来的优势发挥不应该是一种加法效应,而应该是一种乘法效应。让各种要素不只是物理上"混搭"在一起,而是化学上"融合"在一起,取得最优化的深度学习效果,才是混合式教学的真谛。因此,要从范式变革的层面来理解混合式教学,而非仅将其视为一种技术变革。而这种范式转变的核心在于对教学目标的重审,当前教育存在的最大问题就是传授既有的专家结论,而不是培养创造性解决问题的专家思维,在按教材章节顺序组织的陈述讲解教学中,学生连融会贯通的机会都没有,更不要说通过自主学习学会自己发现问题、解决问题,并在解决问题的过程中体会知识的价值。

2.1.2 特点

混合式教学能够把传统学习方式和线上学习方式的优势结合起来,二者优势互补,从而获得更佳的教学效果。换句话说,混合式教学可以充分发挥教师和学生的自主性,更能充分体现学生作为学习过程主体的主动性、积极性与创造性。混合式教学在教学过程中利用数字技术打破时空限制,集成线上、线下育人资源,整合不同教育环境下的学习方式,为学生提供更加灵活多样、个性化、针对性的学习支持,具有鲜明的特点和优势。

2.1.2.1 打通线上及线下全流程

传统的教学模式主要分为线上教学及线下面授两种模式,一场培训项目涉及课前调研、报名、课堂材料发放、培训签到、课后考核等流程,工作烦琐、效率低,线上、线下数据如何打通也是个难题。

混合式教学模式是如何解决教学难题的呢?我们以某培训班为例,其涉及在线报名、报名审核、线上学习、面授课程、考试调研、评分反馈等环节,涵盖训前—训中—训后一体化解决方案,见图 2-1。学习者可以根据具体的培训需求,比如线上培训、线下培训、线上线下培训相结合等,打造专属的培训体验。

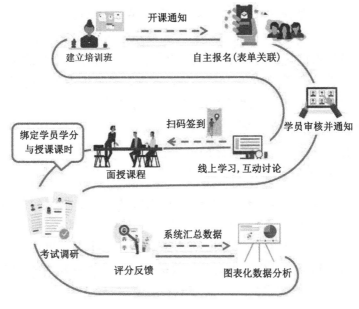

开课通知

建立培训班　　　自主报名(表单关联)

学员审核并通知

绑定学员学分与授课课时

扫码签到

面授课程　　　线上学习,互动讨论

考试调研

系统汇总数据

评分反馈　　　图表化数据分析

图 2-1　混合式教学的一体化方案

2.1.2.2　多元化的学习模式,打造全新的学习体验

传统的教学模式受到场景、空间等的限制,要兼顾学习效果与学习的趣味性比较具备挑战性,而在混合式教学的场景下,学习的可玩性更高了,比如把游戏的思维融入学习环境中,围绕学生能力发展路径和职业规划设计一系列的学习计划,以闯关的形式完成每一项培训任务,有一定的挑战难度,完成后可以得到相应的奖励。这种游戏化＋系列课程的模式,可有效激发学员的学习热情,让学习更高效。

2.1.2.3　支持个性化学习

混合式教学能够充分满足学生的个性化需求。每个学生的学习节奏、风格和兴趣都有所不同,在传统的统一教学模式中,很难做到因材施教。而混合式教学通过在线学习平台,学生可以根据自己的情况自主安排学习时间和进度,选择适合自己的学习资源,如视频、文档、练习题等。教师也可以通过后台数据了解每个学生的学习情况,有针对性地进行辅导和支持,真正实现"以学生为中心"的教育理念。

2.1.2.4　丰富学习资源的多样性

线上学习资源的丰富性是混合式教学的一大亮点。互联网上有海量的优质教育资源,包括国内外知名高校的公开课、专业领域的研究报告、生动有趣的教育视频等。通过混合式教学,教师可以将这些资源整合到教学中,为学生提供更广泛、更前沿的知识。学生不再局限于教材和课堂上的内容,能够开阔视野,接触到更多的学术观点和实践案例,激发他们的学习兴趣和创新思维。

2.1.3　优势

2.1.3.1　有利于改变教学模式,改进教学方法

混合式教学模式具有"双线性",即线上、线下共同教学,其通过线上、线下的完美衔接与配合从而可以大大地提高教学工作的质量与水平。双线性的教学模式与以往的教学模式不同,它在其中加入了探究性、自主性的教学理念与教学目标,这样学生在学习的过程中就会有更多的机会进行亲身实践,从而增强了课堂与外部世界的联系,有利于吸引学生的学习兴趣。同

时,作为一种新型的教学模式,混合式教学还有利于教师改进教学方法,例如由以往单纯的讲述变为线上、线下共同教学的教学方式,从而有利于提高学生的知识接受效率。另外,混合式教学模式还有完善的自主纠正功能,从而可以避免以往由于传统教学模式的局限性所导致的学生疑难问题遗留较多的情况,可以更加方便学生进行自我完善式的学习。

2.1.3.2 有利于突破传统教学的时间和地点限制

在互联网的时代背景下,由于信息的传递性与共享性,网络资源可以随时随地地进行观摩与学习,因此,在这一背景下产生的混合式教学模式也具有相应的优点,即可以突破传统教学模式的时间与空间的限制,将学习的自由化与个性化进行到底。混合式教学模式的自由化使学生可以在线上学习中随时选择进行知识的二次学习与自我纠正,从而有利于提升其课堂的自我学习效率;并且在课后的时间里,学生也可以根据自己的喜好随时随地地进行必要的拓展学习与课后练习,从而大大提高其学习的自主化;另外,学生还可以根据自身实际情况进行完美的时间与空间布置,从而有利于其学习环境的理想化,大大提高其自主学习效率。

2.1.3.3 有利于充分利用网络资源,提高教学质量

众所周知,随着时代的发展与人们思想层次的进步,高等院校与高端知识分子越来越愿意将宝贵的知识与经验进行分享,因此网上的优秀资源是非常多的。相较于教师根据自身经验来制作的教学内容,往往更具科学性与合理性。混合式教学模式就可以充分地将网络资源进行整合并加以利用,从而有利于教学质量的进一步提高与教学措施的完善;另外,学生通过对相关优秀网络资源的学习,也能够学到更多优秀的品质与本

领,从而有利于其全面发展。

2.2 线上课程教学模式

顾名思义,线上教学是指基于网络平台的教学,依托的是强大的现代信息软件技术,如大家熟知的中国大学 MOOC(慕课)、学习通、钉钉等平台,其特点在于学生和教师可以不受时空限制地开展教学活动,形式灵活,而且线上教学资源更加丰富多样,大量的音频、视频使得教学更容易被学生接受。目前许多高校建立了线上的 MOOC、虚拟仿真等教学平台。根据目前的线上教学实际情况,这种线上教学模式给教师的信息化教学水平提出了更高的要求。当然,互联网下的线上教学并不能取代传统的课堂教学,如何高效地利用线上教学平台为课堂教学服务值得每位教师去思考。

2.2.1 线上课程教学模式的突破性

2.2.1.1 提高自主学习能力

真正的学习方式不应该局限于应试教学模式,而应该是应用为主、理论知识为辅,学生为主、教师为辅。由于教学主体的不同,因此出现了教师期待值和学生期待值之间、学生对学习目标设定与自身行为习惯之间的差距。从某种意义上来说,很多大学生有共同的内在心理和外在行动误区,而这一误区的核心就在于主动学习模式应该是以学生为主体的主动学习,而非以教师授课为主的被动接受。

然而,从被动到主动的过程并非想象中那么容易。人的选择与行动并非随意而无规律的,它一方面是客观必然约束下的结果,另一方面也是社会规范制约下的产物,同时还会受到每个人成长环境及自身条件的规制。而这些因素又会与个体差异以及环境产生更多的不同。这些复杂而并不相同的约束,却共同制约了学生自主学习的条件,而现在大学课程教学模式的许多环节设置会要求学生提交一一对应的课后反馈。学生在课堂上可能会滥竽充数,缺乏学习的主动性,而只是单纯地听教师授课,他们受到客观条件的束缚甚至社会规范的制约。而当学生面对电脑上课时,就没有了课堂上面对教师的紧张感和站起来当众发言一旦出错容易引起哄堂大笑的拘束感,也没有了个体情绪管控等自身因素的制约,就能够更好地发挥自己真实的学科水平,学生的主动意识大大增强。

现代网络通信工具的快速发展使得 QQ 群、微信群之类的通信工具广受欢迎,但同时也使得学生上课玩手机的频率大幅提高,而教师对于这一现象与其阻止,不如加以引导使其变为学习的助力。例如,同学们可以在这些群里进行研讨交流,而在交流的过程中就达到了学习的目的甚至还可以进行一些学习资源的交流,这样线下课堂的手机就成了线上课堂的"学习神器"。

2.2.1.2 打破班级授课制的局限

当我们提到线上课程教学模式的优越性,必须将它与传统的班级授课制进行对比,而在对比的同时,我们就能发现传统的班级授课制具有一定的局限性,而它的局限性则体现在如下几个方面。

首先,传统的班级授课制具有时空的限制,其教学过程主要在教室完成,以教师的讲课为主,同时配合 PPT、板书、教师提问等教学方式来完成知识的传授,在这一过程当中学生很可能由于环境、课堂人数较多等外在条件,以及学生的心理压力或当天的身体状况等内在条件,使得学生的学习状况受到影响。线上教学则打破了时空的局限使得教学活动不再仅仅局限于课堂,学生在时间以及各种情况的安排上相对更自由,并且拥有更多的时间和空间进行知识的交流,甚至互相讨论,以及更加深入的学习。

其次,传统的课堂信息来源及信息处理手段受到局限,同时还存在信息失真、信息传递不畅、以及信息反馈不及时等问题,在传统的班级授课过程中,教学信息大部分都来自学生课堂的出勤情况、课堂上教师的提问、布置的一些课后作业等,信息相对来讲较为杂乱以及碎片化,较难形成整体、有规律的信息流。传统的班级授课制,并未太关注学生在整个教学过程中的主观体验、对知识的吸收能力,以及学习过程中出现的大量的情境数据,反而以教师作为学习过程的主体。而教师判断较为主观,缺乏科学以及深层次的分析,难以真正地反映每名学生的学习水平及能力。与此同时,在授课过程中教师也较为专注,难以对学生听课的状态进行信息收集和处理分析。在传统的班级授课制中,学习信息的反馈主要来自课程结束以后的考试,而考试之后学生与教师之间往往难以及时交流沟通并进行信息的反馈,学生在学习上出错的状况并未得到及时纠正。

线上大学教学课程模式之所以备受关注,除了形式新颖,另一个较为重要的原因就是在线上授课过程中,计算机对信息数据的挖掘和分析能力得到了充分利用,而这些技术的运用使得整个学习过程更加科学,也使得其系统的信息流更加流畅及完整。这主要体现在线上授课时信息的来源渠道较多,信息处理具有实时性,并且在学习结果的分析及评估上计算机分析比人为分析更加深入、全面。

再次,在传统的班级授课教学模式中,虽然教师的职业注定了教师终身都是学习者,然而有时由于各种外界因素及内在因素的影响,比如教师的身体状况、课程安排紧张、出差及会议等工作事务的安排等,教师个体的学术信息没有办法及时更新和扩充。因此,从某种意义上来讲,教师的能力是存在一定局限的。而借助互联网的线上教学模式,则可以较好地避免这一系列的问题,除了教师上传的课程视频外,各个互联网的教学平台同时也拥有非常强大的课外资源区,且这些课外资源区能够不断地更新,甚至同时能够通过算法及大数据统计等方式,根据学生自身的兴趣和学习情况,向学生推送课外资源,让学生在知识的广度及深度上达到课堂教学难以达到的水平。

2.2.1.3 沉浸式教学

科技的发展将计算机与课堂紧密连接,而网络的出现则使各种各样的线上课程出现在大众的眼中,通过众多的研究以及实际操作,人们对网络课程的认识已经达到了较为全面的地步,它不仅仅改变了传统的课堂教学模式,也对学生产生了多方面并且较为深刻的影响。比如,作为学习过程中最重要的一环,也就是应用,线上教学能够为学生提供一种浸入式的学习环境,这是由网络教学的以下特点决定的。

(1)网络信息资源丰富

众所周知,网络最大的特点就是覆盖面广、信息资源丰富,运用网络既能够接轨最新的信息资源,又能够获得一些较为经典的教学材料,而如果将这一特点运用到教学当中可以为学生创造一个良好的学习环境,并且这些信息覆盖面较广,资源较为全面,还可以根据学生的兴趣进行筛选和推送。

(2)交互的便捷性

网络在具有强大的资源覆盖面的同时,也拥有另一项特性,交流的便捷性。在线上课程的设置中,教师可以引入移动新媒体对相关的教学方法进行改革设置,以此来突出对学生交际能力的培养,并且由于网络交流不受距离的限制,学生可以有更多的机会在线交流,以此来达到沉浸式教学,多方面地提高学生的应用能力,同时学生又能够拥有更多的自主空间,得到一个比较轻松愉快的教学氛围,而与此同时学生的课堂参与度大大提高,但是这需要在线课程的研究团队对不同学生的不同教育方式进行研究,需要注重课程的设置方法、教育理念以及形式,更需要注意的是加强教师与学生、学生与学生之间语言相关交流平台的建立,也要注重调动学生的积极性。

2.2.2 线上教学模式的一般特点

教师在线下授课时,可以与学生面对面交流,随时观察学生的听课状态,并根据学生对课程的理解情况,及时调整讲课的速度和内容,从而保证知识的有效传达。但在线上授课时,由于无法实时获取学生的反馈,教师会感到无所适从。随着对线上教学的不断实践和探索,我们不难发现,线上教学有着固定的生存土壤和适用范围,在使用时具有如下特点。

2.2.2.1 技术简易,方便操作

面对线上教学,掌握信息技术是首要的,目前,大部分教师的信息技术能力较为欠缺,因此我们应选择自己能够掌握且容易操作的技术开展教学,这一点对于信息技术能力较薄弱的教

师尤为重要。

2.2.2.2　课堂以学生为主体

无论是线下教学,还是线上教学,课堂都要始终坚持以学生为本。学习的主体是学生,教师在课堂上要充分体现学生的主体地位,不断地为学生搭建探讨、交流、互动的平台,教师可以采用问题驱动教学法,让学生围绕问题寻求解决方案,从而发挥学生的学习主动性,提高学生的教学参与度,激发学生的求知欲,活跃其思维。这样能有效避免教师滔滔不绝地讲解,而学生不能全身心投入,或根本不听课、思想开小差,甚至做其他事情的情况。教师应该引导学生在问题的驱动下持续学习。实践证明,线上教学中学生更愿意回答老师提出的问题,更愿意和老师互动。这是线上教学的优势。在课堂上,教师要为学生提供"指南针",让他们寻找自己的"北斗星",成为唯一的自己。

2.2.2.3　课堂效率高

不论是线下教学,还是线上教学,教师应始终把提升教学效率作为开展教学工作的目的。因此在线上教学过程中,教师要合理分配时间,必须将讲课时间控制在 20 min 左右。讲课内容尽量精简,提高知识的趣味性,最好做到一节课讲解一个知识点,避免一节课从头讲到尾,完全忽视学生的存在。教师可设计具有挑战性的任务来调动学生的积极性,引领学生从知识与训练的浅层学习思维转向思维建构的深度学习。教师应在每节课预留一定的练习时间,防止学生长时间观看屏幕而产生疲惫感,以致注意力分散。

2.2.2.4　授课方式多样化

线上教育与线下教育存在诸多不同,不仅学生面临全新的学习环境,教师也要及时适应这种新的教学方式。面对线上教学这种全新的教学模式时,教师要灵活教学,一切以课堂的实际状况为主,同时也要大胆创新,探索适合线上教学的新方法、新思路。例如,教师可以采用视频、直播间、PPT＋语音、视频＋语音等方式,只有这样才能激发学生的学习兴趣,更好地吸引学生的注意力,从而促进线上教学的长远发展。

2.2.3　线上教学的优缺点

2.2.3.1　优点

(1)线上教学资源丰富、形式多样。就 MOOC 学习平台来讲,国内有学堂在线、中国大学 MOOC、好大学在线、超星尔雅、智慧树等知名 MOOC 平台,提供的线上学习资源丰富多彩、各有特色。以中国大学 MOOC 平台为例,有 15 万门优质课程资源、900 门国家级在线精品开放课。就每门课程来讲,重点突出的微视频可以吸引学生眼球,提高听课效率,少量高效的精准测验可以检验学生是否掌握了知识点。另外,学习过程有记录,能够提供基于大数据的学习分析。

(2)以学生为主导,强化了学习的自主性。学生可以根据自己的情况选择合适的学习时间,不受时空限制。学生根据需要可以回看视频,复习相应的知识点,也可以调节视频的播放进度,适应个性化学习。这种线上教学体现了以学为主,学生是主导,教师是辅助,可以激发学生的学习潜能和学习兴趣,由被动学习变为主动学习。

2.2.3.2　缺点

(1)师生间互动的效果不好。虽然 MOOC 平台有线上讨论区,也可以随时在线上向教师提出问题,但有些学生是为了完成学习任务而敷衍了事地参与,真正提问题的学生不多。而传统的课堂教学,面对面的沟通更容易表达情感,更能反映学生的真实情况。另外,线上教学缺少学生之间的团队合作和交流。

(2)线上学习效果难以评估。对于学习主动性、自觉性不高的学生,做作业不认真,甚至相互抄袭,教师对学生的真实学习状况较难掌握,对线上学习效果难以评估。

2.3　混合式学习设计的典型策略

由于信息技术的迅猛发展,尤其是智能手机和无线网络的普及,高校学生对于手机的利用程度可以说是达到了前所未有的程度,无论是课上还是课后,学生都以手机为主要接收信息的工具,与其禁止学生在课堂上使用手机,不如利用手机为教学服务。同样,由于无线网络的普及,笔记本电脑亦可随时随地接入互联网,这也给新型教学模式带来了极大的便利。教师可以利用各种网络平台,与学生进行一对一、一对多甚至是多对多的线上教学。简单地说,基于"互联网+"的新型教学模式就是要在现有的互联网大范围普及的背景下,彻底转变固有的教学模式,利用信息技术和各种网络平台,对教学方式方法进行大刀阔斧的改革。

混合式学习设计一般包含如下策略。

2.3.1　制定学习目标

在混合式教学中最让教师困扰的问题是,当教师把部分学习内容转变成线上学习内容和任务后,学生的学习投入增多了,但学习效果可能并没有改善。那么,混合式教学如何设计才能让学生在尽量少的投入下取得较好的学习效果?换言之,如何让混合式教学有效且高效?

对于这一困扰,很多老师将其归因于线上学习资源的质量不高,实际上,目标设计不清晰才是最大的症结。教学目标引领着教学策略、活动与资源的设计。

然而在实践中,目标设计一直都是薄弱点,存在一些典型问题。例如:教学目标设计形式化,盲目套用教学目标设计的一些已有模式,缺乏对实际教学的导向作用;教学目标定位不清楚,与教学内容混淆;教学目标设计泛化,针对性不强,未能合理侧重知识类目标、能力类目标与情感类目标;教学目标设计层次不清,低端目标与高端目标定位不准确,不能区分结果性目标与过程性目标;等等。

实现有效、高效的混合式教学,首先要强化目标设计,或者说找到教学的"魂",并由其引领混合式学习策略、学习活动、学习资源等的设计。此处的目标设计并非细化目标,而是凌驾于知识、技能、情感态度这些具体的三维目标之上的核心目标,是一门课、一个单元、一节课的灵魂。设计的核心目标就是要回答一个关键性的问题,即学生通过课程学习最需要掌握什么知识、能力或方法?具体可以通过三个子问题来引导核心目标的设计:① 这门/节课最核心/关键性的内容是什么? ② 学生最希望获得什么? ③ 学生学习中的关键难点在哪?三个引导问题分别指向学习内容分析、学习需求分析与学习结果分析。

明晰的核心目标是有效、高效的混合式教学的根本保障。以澳大利亚的莫纳什大学医学院开设的"循证医学"课程为例,具体分析如何进行核心目标的设计。该课程采取了线下主导的自主学习式的混合式教学模式。循证医学是结合医生的个人专业技能和临床经验,考虑患者的愿望,进而对患者做出医疗决策的新兴临床学科。在进行该课程的核心目标设计时,第一步先分析学习内容,该课程的核心内容是"循证医学的概念、知识与思想";第二步分析学习需求,学生最希望获得的是"掌握循证医学的实践步骤与方法";第三步分析学习结果,学生在学习中的关键难点在于"如何运用循证医学的知识进行诊断与治疗决策"。最终,将该课程的核心目标设定为"如何让学生用循证医学的方法指导诊断与进行治疗决策"。

2.3.2　准备学习内容

混合式教学模式并不是简单地将互联网技术与教育行业两者相加,而是利用信息通信技术以及互联网平台,让互联网与教育行业进行深度融合,创造新的发展生态。

与传统教学模式有明显不同,准备混合式教学的内容要注意如下两个方面。

2.3.2.1　时空的转换

基于"互联网+"的教学模式打破了教学活动的时空限制,视听传输技术和在线学习系统使学习不再受到时间和空间的限制,教学活动可以在任何地点、任意时间进行。传统教学模式主要在教室完成授课,以教师讲授为主,同时结合板书、PPT等教学方式完成知识的传授。师生可以随时随地展开交流,课堂上亦可通过网络进行教学内容的深度扩展,由此达到课内外一体化的教学目的。

2.3.2.2　角色的转变

传统教学模式的主角是教师,教学内容以教材结合讲义为主,教师在课堂上占据完全主导地位,学生被动接受,积极性和参与性不足。在传统课堂上,教师将时间和精力主要分配在课程知识的讲授和传递上,学生忙于记忆和初级层面的理解,师生没有足够的时间和精力进行互动交流,对知识深层次的理解和应用、新知识的创造等教学目标难以实现。基于"互联网＋"的教学模式则更多地站在学生的角度,通过各种信息技术和工具引导学生自主学习,激发学生的学习主动性和积极性,提高学生的参与程度。

2.3.3 注重混合方法

"如何混合"一直是混合式学习设计的难点。实践中典型的问题和困难包括如何设计线上学习活动才能尽量减少学生的学习负荷? 把部分内容变成线上学习内容后,教师应当如何设计线下教学以避免重复教学? 等等。实践中这些困难甚至引起了一些教师的质疑,混合式教学的效率到底是提高了,还是降低了?

Bonk 等指出,混合式学习的一个关键问题是线下教学与线上学习的比例问题。例如,两者怎样进行混合? 两者何时使用? 如何将两者融合才能取得最好的成效? 而解决该问题的关键是学习活动的设计。避免学习活动和内容的重复,让线上、线下和现场学习活动相辅相成,是实现高效混合式教学的关键。线上、线下和现场学习的相辅相成,包含两层含义:

(1) 为不同的学习活动选择最合适、最高效的学习方式。线上、线下和现场等不同的学习方式对不同的教学策略和学习活动的支持程度有所不同。例如:"对话式教学""讲授"等是线下教学中最常见的教学策略和活动,如果经过恰当的设计和制作,可以形成更加高效的线上学习资源,对于此类活动,线上学习的方式更加高效。线上学习还可以更高效地支持"讨论""评价""探究"等活动的开展;"提问式教学""破冰""陈述""演讲"等活动采用线下学习更为高效;实践、实操类活动则更适合现场学习。

(2)不同学习方式的学习活动之间彼此呼应、相互支持。高效的混合式教学设计,应避免线上、线下、现场学习内容的简单重复,同时应着重考虑线上、线下、现场学习活动之间的彼此呼应与相互支持。例如:线下教学时可以对线上学习结果进行汇报、点评,线下的学习任务和互动交流可以延伸到线上继续开展;等等。因此,教师在进行混合式教学设计时,应当有意识地利用一些学习工具并将其作为桥梁,在线上、线下、现场的学习活动之间"穿针引线"。

线上与线下学习活动相辅相成、实现高效混合式学习的一个案例是德国 Aachen 学院的"示范医学"课程,该课程采用了线上主导的协作式混合式教学模式。虽然学习活动以线上学习和线上小组协作解决问题为主,但第一次课和最后一次课均采用了线下教学的方式。在第一次课上,教师通过一系列的学习活动帮助学生更好地理解课程目标和任务,督促学生制定小组目标,为后续的线上学习和线上小组协作解决问题打好基础。在最后一次课上,教师针对学生线上学习过程中出现的问题进行解答,帮助学生进行总结与提升、产出学习成果。

在此案例中,线上、线下学习活动之间形成了良好的彼此支持和呼应,贯穿于学习活动之间的 Wiki 等在线学习工具起到了支撑和连接的作用。具体而言,第一次线下授课时,学生们被要求用 Wiki 记录下自己的问题、学习目标等,为后续开展线上学习活动搭建了桥梁；在最后一次线下授课时，教师借助Wiki上各小组的学习记录进行学习诊断。

2.3.4　分析个体差异

如何在集体教学、规模化教学中满足学生个性化、差异化的学习需求，实现因材施教，是传统学校教学一直面临的主要矛盾和难点。当我们期待混合式学习能够提供新的可能时，也要认识到混合式学习本身也可能会加大学习者之间的差异性，以及放大学习者的个性化需求。例如：MOOC等线上学习资源可能会让学习者已有知识基础之间的差异更大。那么，混合式教学如何在可能加大学习者差异的情况下解决集体教学中的个性化需求难题呢？

个性化学习包括学习目标个性化、学习内容个性化、学习活动（路径）个性化、学习评价个性化、学习资源个性化等。这些个性化学习支持都需要建立在对学习者的个性化测评基础之上。学习分析是通过对学习者产生和收集到的相关数据进行分析和阐释，来评估学习者的学业成就，预测其学习表现并发现其存在问题的过程。学习分析技术的核心价值体现在帮助教师改进教学。基于数据驱动的学习分析技术改变了传统的教育评估手段，使得智能化、及时性的个性化测评成为可能，能够让教师实时掌握班级整体以及学生个体的学习情况，进而为个性化的学习支持与干预提供依据。数据驱动的学习分析技术还能够预测学生的学习表现，及时发现问题；自适应学习技术则能够进一步为学生推荐个性化的学习内容与资源。

因此，混合式教学解决集体教学中的个性化需求有两个重要的技术基础。一是混合式教学为采集学生学习过程数据提供了可能,从而为基于学习分析技术的个性化分析与测评提供了重要的数据基础;二是混合式教学中可适当设计基于学习分析技术的个性化分析与测评工具及数据驱动的自适应学习工具等,从而为集体教学中的个性化学习支持与干预提供可能。在混合式学习环境中,数据驱动的个性化教学正在成为一种新的教学范式。

2.3.5 做好课程评价

混合式教学模式是一种新颖的教学模式,这就意味着混合式教学中的教学理念先进,教学思路清晰,教学方式科学合理。现在大多数高校已经应用了这种混合式教学模式,采用课前视频学习与课堂教学相辅相成的模式,极大地提高了教学的效率。也就是说在这种环境下,评价混合式教学模式的标准包括网络教学的评价和传统教学的评价。

基于混合式的教学模式改革必然导致学生有更多的时间在课堂外进行自主学习,如何掌握学生的学习进度、检验学生的学习效果以及如何进行课程考核都是改革必须要面对和解决的问题。根据课程的特点,按照理论教学、个人作业、小组项目分别进行测试。理论教学采用原始的试卷模式;个人作业需综合学生完成的各项作业中体现的创新性、连续性和最终的课程总结给出成绩;小组项目根据学生进行的自我评价、同学评价,以及进行的口试答辩和论文报告等项目给出最终成绩。与传统教学等考核评价机制不同的是,新型的考评机制更加重视检验学生自我学习的成果,无论是个人作业还是小组项目,在最终成绩中所占的比重都大幅提高,相应的,增加了网络测试的频率和难度,平时成绩分阶段给出,这就要求学生在学习的过程中始终保持连贯性,不能有丝毫懈怠。基于混合式的教学模式改革,对学生的考核评价不再局限于一门课程的学分是多少和考试成绩的高低,而是将学习的全过程纳入考核评价体系,也就是从结果型导向向过程型导向转变。考察学生的学习动机、学习过程和学习效果三个方面,主要考查的重点是学生是否培养了查找信息、获取知识的能力,是否培养了团队学习的能力,是否能够将理论与实践结合,是否已经具备知识创造的能力等。只有具备了这些能力,才能真正培养出高素质和应用型人才。

混合式教学模式的教学评价应遵循客观、规范、全面、多样、以学生为中心等原则。客观就是评价行为要真实,以保证评价的可靠性;规范就是评价指标体系的设定要规范,要具有可操作性;全面就是评价的内容要全面,从教学形式到教学内容,从教学过程到教学结果,对影响教学效果的各因素考虑尽可能全面,不片面强调某一点、某一面的作用;多样就是评价者要多样,包括教师自评、同行评价、学生评价、专家督导评价、教学管理人员(教务)评价、所在院系评价;以学生为中心就是重视学生的评价,重视教学结束后学生掌握专业技能的情况。

通常,混合式教学评价需遵循以下原则。

2.3.5.1 兼顾面授与线上的评价原则

面授学习和线上自主学习是混合式教学模式中的两种教学形式,二者缺一不可,相辅相成。教师不可因为线上学习是一种新的教学形式,就花费大精力在线上教学而忽视了面授教学。虽然学生自主学习更灵活、自由,但是在自主学习过程中遇到的疑难及需要掌握的重点、难点均会寄希望于面授过程中教师给予更详细、更有针对性的讲解与指导。因此,在评价混合式教学模式下的教学质量时要二者兼顾,也就是教师在教学过程中应该探索如何平衡和分配两种教学形式的比例,才能使教学效果达到最佳。

2.3.5.2 兼顾过程与结果的评价原则

教学结果是教学质量的最终体现,因此在教学及评价过程中常常会有"教学质量就是最终成绩"的片面观点。但是我们更应该清楚地认识到对教学质量的影响因素出现在教学过程的各个环节,有什么样的过程就会产生什么样的结果。尤其是在混合式教学模式中,"混合"更多地体现在教学过程中。既然要评价混合模式下的教学质量,理应将着眼点放在教学过程上。关注混合式教学过程中学生的具体学习行为表现及过程性结果,如解决问题的能力等,及时对学生的学习质量做出评判,总结经验,找出问题,对于提高教学质量和教学效果影响重大。因此,在教学质量评价中既要有结果评价,更要有过程性评价。

2.3.5.3 兼顾教师与学生的评价原则

教学活动是教与学的双边活动。在教学活动中,教师的教学能力、教学态度、教学方法等将对教学质量的高低产生重大影响。在混合式教学模式中,教师除了要具备传统教学中的各种能力外,还应具有应用信息技术的能力,尤其是将信息技术与教学融合的能力。学生是教学活动的核心,是学习的主体,教学质量的好坏最终将在学生身上得以体现。相对于老师,学生对混合式教学模式中信息技术的应用可能更熟练,但是能否适应新的教学方法,提高自己的学习主动性和积极性,同样关系到教学质量的高低。

学习评价是对学习过程和结果的价值判断。在混合式学习过程中,由于综合了多种学习活动,它的多样性和复杂性使得学习过程更加具体和细致,对其评价也更加重要。评价不仅仅对测试结果进行评价,还应对学习者在学习中的探究过程和平时表现进行评价。混合式教学模式的发展得益于网络的发展以及科技的迅猛提升。从学习者角度来看,混合式学习是指能从所有可利用的工具、技术、媒体和教材中进行学习,并与学习者已有知识经验及自身学习风格相匹配,帮助自己达到教学目标。混合式学习环境下学生学习满意度影响因素模型中,考核方式对于学生进行交流讨论以及课程学习的动机有很大的影响。在线学习是活动引导而进行的学习,所以每一部分学习活动必须有评价标准,学生学习前需要明确了解该学习活动的评价标准和评价方式。研究发现,考核方式是影响课程学习者交互行为、学习动机的直接因素,直接决定了他们是否进行学习的意愿,所以每一个协作学习、自主学习等活动都必须有对应考核标准来牵制学生进行学习。

每一个活动有了评价标准后,有助于在线学习的学生及时了解自己的学习情况,同时平台也会记录学生每个学习模块的学习进度以及达到的标准。这既关注了学生的学习过程,又对学生进行了过程性评价,最终平台评价成绩和笔试成绩一起计入期末总成绩。这种评价标准是对学生网络学习的一种考核,由于混合式教学模式中还有传统教学的板块,于传统教学部分的评价还是可以按照传统教学模式的评价标准来进行评判的,抑或是根据网络教学的评价来考虑。从教师或教学设计者角度来看,混合式教学就是组织和分配所有可利用的教学工具、技术、媒体和教材,以达到教学目标。因此这对于教师的要求是极高的,教师必须明确教学的目标,理清教学的思路,整合教学的方式,对学生的学习进行多方面、多层次的指导教学,并且要去了解学生是否适应这种不同于传统教学的新的教学模式,掌握学生学习的动态。在评判时,则以教师对学生情况的了解及掌握为前提,对学生的学习情况以及学习进程给出相应的评价,并向学生提出建议,以帮助学生适应这种新的混合式教学模式。

2.4　线上线下混合式教学模式的构建原则与实现方式

2.4.1　构建原则

2.4.1.1　从以教师为中心转变为以学生为中心

以教师为中心往往忽略了学生的学习体会,从而影响了学习效果。而以学生为中心从学生的需求出发,将学生切实放在学习主体地位,根据学生的学习习惯、学习兴趣、学习接受程度等考量教学内容和教学方法,采用边学边考、通关考核、互相答疑等方式,提高学生学习的主观能动性和参与度,从而提高教学成效。

2.4.1.2　实体课堂和网络授课并行开展

将授课内容做成"微课",放置于网络平台上供学生学习。课程微课化,能够提炼精华突出重点。通过小问题穿插于微课视频中间,并能够自动判题,类似游戏通关设置,激发学生的参与度和积极性;设立互动社区,学习者提出的疑难问题,很短时间内就会有人回答,或者系统会弹出标准答案;设有在线考试题库,由浅入深,系统自动批改,并提出下一步学习建议。实现学习者个性化学习和自主学习,并实现系统反馈提升学习效果。实体课堂以辅导、答疑、现场讨论等形式开展,一改以往只以教师讲授为主的固有模式。重点监测学生的课堂活跃度、提问的次数和难度,分析学生学习状态,以此调整网络教学内容,实现两种授课方式互相促进。

2.4.2 实现方式

2.4.2.1 稳固教学重心

教改的关键在于明确教学重心,使传统教学与线上教学优势互补,实现功能最大化。这就必须明确两者在教学中的地位,就当前中国高等教育而言,传统教学的主体地位是不可动摇的,线上教学只是一种辅助手段,两种教学方式不能等同甚至颠倒。明确了教学地位,也就决定了接下来教改的重心所在。与此同时,也不能忽略线上教学,只是明确了线上教学要服务于传统课堂,体现其辅助性功能。两种教学方式分工明确,高校课程教育的核心在于传授社会主义核心价值体系,帮助学生践行社会主义核心价值观。传统教学就在于帮助学生树立、践行核心价值观,做到知行合一。面对这一现代技术下的产物——网络课程教学,我们要清醒地意识到其所隐含的诸多风险,积极地研究对策,处理好名校名师线上教学与本校普通教师教学的关系,既要更新教学内容,同时也要运用现代网络技术来为自身教学服务,厘清 MOOC 虚拟课堂与传统实体课堂之间的关系。无论是传统实体课堂还是虚拟课堂,新颖的教学内容都是教学效果提升的关键。传统课堂效果的好与坏,是生成而非既成。教学内容相同,但主讲教师不同,所产生的效果也是不一样的。同样的教师,面对不同的学生所产生的教学效果也不一样。因此,传统实体课堂应注重师生间面对面的交流沟通,授课魅力与学生莫逆之心融为一体,让学生身临其境地体验这场入心、入脑、入灵魂的教学情境。

传统课堂必不可少,但优质的线上教学内容也可作为教学补充。实现两者的优势互补,使传统的课程教学由课堂延伸至网络,由校内延伸至全国。MOOC的引入必须遵循课程教学规律,才能使各高校学生共享线上优质教育资源,完善教育形式,形成便利的、自由自主的学习方式,最终实现生活中泛在学习的新常态。

2.4.2.2 落实教学保障

建立有效的保障机制是混合式教学模式的重心所在,而线上教学只能作为一种辅助手段。当前线上课程学习很大程度上取决于学生自身的自觉性。鉴于此,整个教学过程必须丰富多彩、趣味十足,才能激发学生的学习热情,吸引学生参与教学。可以创设情境教学模式,通过叙事、活动、模拟等环境使学生身临其境,在轻松愉悦的环境中体验教学,融情于学,唤起学生内心共鸣,提升教学魅力,激发学生自主性学习能力,使学生在线上平台学习中更加自律。另外,研究网络技术,对学生线上学习过程实行全程监控。关注MOOC技术的开发,保障网络开放的程序,完善线上课程保障手段,例如,确认学生身份信息,通过短信、微信提示学习任务等,保障MOOC教学效果。总之,学生的自律和技术保障的他律是整个混合式教学的保障体系。

2.4.2.3 合理编排教学内容

教学内容作为整个课程教学的核心要素,其编排是否合理将直接影响教学效果。基于知识要点的整体完整性特点及时间长短,合理切割视频内容;遵循课程逻辑思维特点,合理编排视频顺序,使学生身临其境地进行游戏式学习。把线上教学引入课堂教学中,对于教师而言需要不断地提升自身的学术素养,拓展学术视野,丰富教学素养。首先,深入学生,了解其思想特点、兴趣爱好,并接触与学生相关的信息,与教学融为一体,增添教学魅力、吸引力。其次,熟练使用网络技术,教师应主动了解网络技术使用的关键点,掌握其基本操作技能,最大限度地发挥线上教学的功能。最后,学术团队的培养,仅靠两三个人并不能完成日常课程的教学工作,教学视频内容的编排与分割、拍摄与剪辑制作,均需整个教学团队合作。因此,整个教学团队必须有很强的整体合作意识,发挥整体思维优势,增强影响力,展现混合式教学的根本性变革。

2.5 混合式学习的常见模式

根据划分维度的不同,混合式学习可以有多种不同的模式。这里我们简单介绍四种常见类型。

2.5.1 转换模式

转换模式包含符合下列特点的任何课程或者科目,即让学生轮流使用不同的学习方式,而其中至少一个必须是在线学习的模式。学生常常在在线学习、小组指导和纸笔课堂作业的不同学习方式之间转换;或者他们在在线学习和某些类型的全班讨论或项目计划的方式之间转换。关键点是定时或者教师宣布时间一到就要转换到下一个模式,每个人都要转换到课程的下一个作业活动。

就地转换的学习方式,对于教育来说不是一桩新鲜事。事

实上,教师们让学生群组在不同的学习中心中转换已经几十年了。比如在小学阶段,转换模式包括下列几类:

（1）就地转换。当转换发生在一所或多所教室中,就称为就地转换。

（2）机房转换。机房转换与就地转换类似,不同之处在于学生要进入机房来进行在线课程的学习。

（3）翻转课堂。这种转换模式也是迄今为止最受媒体关注和最受师生欢迎的模式,其完全颠覆了传统教室。在翻转课堂里,无论是在家还是在校做家庭作业期间,学生都可独立自学网上的授课。课堂时间在以往是用来留给教师上课讲解的,现在则用来完成我们以前说的家庭作业,而教师则在学生需要时为其提供学习辅导。

翻转课堂互换了作业和授课两者的时间,学生仍然通过授课来学习内容。如果有的学生在实体课堂讲授时没听懂,他们很少有机会提问。教师可以试着放慢或加快讲课速度,针对不同需要做出调整,但是有人会觉得太快,有人又觉得太慢,众口难调的情况在所难免。而将上课的基本内容转换成网上课程的形式,可以让学生有机会根据自己的理解程度快进或回看。学生自主决定应该看什么,什么时候看,至少在理论学习上可以给他们更大的学习自主权。

观看网上授课似乎与传统的阅读作业没有太大区别,但是至少有一点重要的不同之处:学生在课上做练习、讨论问题或研究课题,课堂时间现在用来做主动性的学习。大量关于学习的研究表明:主动式学习比被动式学习要有效得多。从认知科学上来说,学习是一个将信息从短期记忆转化为长期记忆的过程。

（4）个体转换。个体转换是第四种转换模式。如果要给这个模式贴一个标签的话应该是"自选型态"。个体转换模式就是学生按照为个人定制的课程表，在所有的学习模式中转换。学生的课程表通过算法程序定制或者教师定制。个体转换模式与其他的转换模式有所不同，因为学生们不需要转换工位或者学习模块，他们的日程取决于个人的课程表。

2.5.2　弹性模式

弹性模式是指按照固定时间表或听从老师安排在任何课程或科目中进行转换，在这些模块中至少有一个是在线形式。此类模式根据个性化流动性时间表在不同模块之间进行，通常情况下会在在线学习、小组讨论、书面作业等之间转换。关键是要定时或由老师宣布到转换时间；可以在在线和面对面之间自由转换，必要时接受辅导或小组讨论。

2.5.3　菜单模式

菜单模式是指完全通过在线形式学习一门课程，并在学校或学习中心进行其他活动。菜单课程的登记老师是在线教师，可以在学校或校外完成。虽然通过在线完成某些课程，但还要在学校学习其他面对面课程。

2.5.4　增强型虚拟模式

增强型虚拟模式是指提供必修的面对面部分，但可以在任何场所在线完成其余部分。例如，有些课程要求周二和周四接受面对面教学，周一、周三和周五独立进行在线学习，地点可以在学校也可以在其他场所。其他一些课程则是根据表现情况来定制实体教学，如果成绩有落后迹象就需要接受更多的辅导或小组讨论。这种模式适合那些需要灵活安排学习时间和地点的学生。

2.6　线上线下混合式教学的一般实施路径

开展线上线下混合式教学的最终目的不是去使用在线平台,也不是去建设数字化的教学资源,而是有效提升绝大部分学生学习的深度。我们应该努力依据学习和教学的规律去实现提升学生学习深度的目标。

教学和学习的基本规律有以下四点:首先,学习是学习者主动参与的过程;其次,学习是循序渐进的经验积累的过程;再次,不同类型的学习其过程和条件是不同的;最后,对于学习而言,教学就是学习的外部条件,有效的教学一定是依据学习的规律对学习者给予及时、准确的外部支持的活动。

混合式教学改革没有统一的模式,常见模式可见表 2-1。

表 2-1　混合式教学的一般路径

教学环节	课前	课中	课后
教学活动	发布任务	师生交流,答疑解惑	个性化分层
	发布资源	测练融合,巩固知识	作业与答疑
	自主学习	应用创新,合作解难	个性化自适应
	自我检测	展示质疑,深度交流	学习与答疑
	整理成果	检测学情,评价反思	
	记录疑惑		
	查看反馈		
	获取学情		

但是如果要根据上面四条教学和学习的基本规律,充分发挥线上和线下两种形式教学的优势,需要做到以下三个方面。

(1) 线上资源的建设要满足授课需要。毫无疑问,对于线上资源建设,非信息技术相关学科的教师是经常存在困难的,但是这种困难并非不可克服,因为我们倡导的教学资源并非要多么高端大气上档次,简单的屏幕录制加讲授即可。剩下的问题不是技术问题,更多的是时间投入的问题。因为其中需要对以前的课件进行一些修改,对课程知识点进行分解,录制和编辑微视频,给知识点设定学习目标并开发一些配套的练习题等。

有线上资源是开展混合式教学的前提,因为我们倡导的混合式教学就是希望把传统的课堂讲授通过微视频上线的形式进行前移,给予学生充分的学习时间,尽可能让每个学生都带着较好的知识基础走进教室,从而充分保障课堂教学的质量。在课堂上的讲授部分仅仅针对重点、难点,或者同学们在线学习过程中反馈回来的共性问题。

(2) 线下有活动,活动要能够检验、巩固、转化线上知识的学习。通过在线学习让学生掌握基本知识点,在线下,经过老师的查缺补漏、重点突破之后,剩下的就是通过精心设计的课堂教学活动,组织学生们把在线上所学到的基础知识进行巩固与灵活应用。

(3) 过程有评估,线上和线下、过程和结果都需要开展评估。无论是线上还是线下都需要给予学生及时的学习反馈,基于在线教学平台或者其他 MOOC 程序开展在线测试是反馈学生学习效果的重要手段。通过这些反馈,让教学活动更加具有针对性,不但让学生学得明明白白,也让教师教得明明白白。

当然,如果我们把这些小测试的结果作为过程性评价的重要依据,这些测试活动还会具有学习激励的功能。其实,学习这件事既要关注过程也要关注结果,甚至我们应该对过程给予更多的关注,毕竟扎扎实实的过程才是最可靠的评价依据。

2.7　线上线下混合式教学的设计

2.7.1　教学方式的设计原则

教学方式应遵循的原则,是指教师在设计线上和线下教学活动时应当遵循的准则,主要包括简约思想原则、基于学习产出原则、主动性原则和系统性原则。

(1)简约思想原则。这是一种简约的设计思想,在这里用来表示教师在设计线上课程内容时要遵循的原则。线上课程为了方便学生观看和自主学习,通常是以微课的形式出现,时间不超过 20 min,因此,每次微课的内容应当高度聚合,并且能够在规定时间内讲清楚。在对传统课程内容做划分的时候,应当尽可能地将课程内容分解为相对独立的内容进行线上教学。

(2)基于学习产出原则。该原则是指基于学习产出的教育模式,教师在设定教学目标和评估方法时应当遵循的原则。因为教学活动通常是一个较长的过程,如何用合适的、具有可操作性的评估方法对教学过程进行评价,是教学工作中必不可少的环节。O2O 教学模式涉及线上和线下,对线上和线下教学效果的评估要具有一定的可操作性,将学生所学到的知识、具备的能力和职业素养等一系列能够评定的学习产出定义清楚,并以此为目标反推教学活动应采用何种考核方式、何种教学方式,以及如何制订教学计划等。

(3)主动性原则。对于主动式学习和被动式学习,学习者的体验是完全不同的,前者是积极的、主动的、高效的,而后者是消极的、被动的、低效的。主动性原则是指任何教学方法的采用都要以激发学生的主动性为原则。传统的课堂教学过于强调教师传授知识的系统性和权威性,而不注重学生自主学习意识和自主学习能力的培养。在设计线下课堂教学的时候,要采用类似"对分课堂""翻转课堂"的方式,以线上教学为牵引,将知识的内化放在课堂上,带领和引导学生进行主动的思考和讨论,并通过竞赛等方式刺激学生进行自主学习。

(4)系统性原则。这里的系统性包含两个层面的含义:首先,线上教学和线下教学构成一种完整的教学体系,线上和线下的内容可以是相互补充的关系,也可以是递进的关系;其次,对于一门课程来说,线上的教学内容和线下的教学内容要具有一定的完整性。

一门特定的课程,并不是所有的内容都适合做线上教学,有些较容易理解的内容可以放在线上,让学生自主学习,而一些较为复杂、较难理解的部分则通常采用线上和线下相结合的教学方式。

2.7.2 教学体系

课程资源是课程内容设计的重点。网络技术的发展对教育领域的影响已经势不可当,教学课程要充分实现"以多维化教学资源为中心"的课程内容。因此,在对课程资源进行重置时,一方面要求进行细粒度划分,使其适应线上、线下的学习;另一方面要高内聚、低耦合,能够根据线上学习效果灵活调整线下学习内容。教学模式要求颠覆传统课程内容,其课程资源由传统课程与网络虚拟课程构成,线上教学资源异常丰富,如视频公开课、资源共享课、MOOC、SPOC(小规模限制性在线课程)等更是如雨后春笋般破土而出;线下教学资源则是教师在参加各类学术会议、报告会、研讨会后将知识进行梳理总结后传达给学生,并针对线上课程内容中所存在的重难点问题进行探究、解决。为了使以多维化教学资源为中心的课程内容达到最优化,课程资源的设定应具备以下几个特征:一是基础性。纳入课程内容的知识必须是核心知识,所要推动形成的能力必须是关键能力,在整个课程体系中具有不可或缺的奠基作用。二是交互性。课程资源所呈现的逻辑结构和表现形式必须有利于学生学习,有利于师生、生生之间的良性互动。三是生成性。每一个课程单元就是一个课程模块,要让不同模块之间有机衔接,从而使优质资源达到有效利用。四是开放性。课程内容以多维化教学资源为中心,体现了课程内容的开放性,要选取优质的教育资源供学生学习。五是个性化。根据学生对知识建构的能力水平及个人兴趣爱好等,学生可以自主在网络平台上选择适合自身的学习内容,以激发学习兴趣。O2O 课程体系中对教学内容的安排,使教学内容呈现新颖性、灵活性、多维化等特点,这不仅符合高校学生的学习需要,还将知识讲授、能力培养、素质提升融于一体,颠覆了传统课程教学中"以知识为中心"的模式,实现了对传统教学模式的突破。

2.7.3　课程要求

课程要求对课程体系可以起到一定的支撑作用。个性化学习就是为每个学生定制符合自身的学习策略和学习方法。

学生根据多维化的教学内容,并按照自身的学习能力、兴趣爱好等选取合适的学习内容,经过一段时间的学习,掌握自己薄弱的知识点后,选择相应的知识点检测,通过做题、查看检测结果、针对性训练、个性化学习等进行循环训练。此外学生也可根据自身的情况采取 4A 学习法,即让学生在任何时间、任何地点、采用任何方式、从任何人那里学习。"以个性化学习为中心"的课程要求,不仅能够赋予学生个性化的、完整的、深度的学习体验,调动学生的学习参与度,还能使教师洞悉学生的学习情况,从而更好地达成个性化教学目标所提出的要求,以改进学生的学习效果,提升学校的整体教学质量。

2.7.4 教学过程

2.7.4.1 教学前的准备活动

(1) 安排线上、线下教学活动。据调查,93.1%的人喜欢面授辅导与线上学习相结合的混合学习模式,并且要以面授辅导为主、线上学习为辅。无论是线下教学还是线上教学,都已不再是单纯的传授知识、技能,而是要以学习者为主体,培养学习者诸如信息处理技能、解决问题的能力、创造能力、学习能力、批判性思维能力、社会交流与协作能力等多方面的能力。在此目标的指导下,对知识进行划分,不同的知识与信息技术有不同的整合方法。

(2) 建设线上平台学习资源。据调查,教学资源的受欢迎程度依次为:导学(80%)、案例故事视频(60%)、在线测试(55.17%)、辅导课内容 PPT(50%)。因此,应从这几个方面来建立相对应的教学资源。导学主要介绍该课程的主要内容、教学方法、学习方法、考试形式等;案例故事视频是利用信息技术和网络教学平台的优质资源,挑选其中与考试相关的、重要的、新颖的案例,通过录屏、录播等方式将其转化成可供灵活下载的视频;在线测试则是将重点、难点、考点转换成问题加以强调;辅导课内容 PPT 主要是上课的课件,供没来的同学或没有听懂的同学反复观看。

2.7.4.2　教学中的组织活动

(1)指导使用学习资源。基于信息技术的教学,改变了学习者的学习方式,还要把对信息技术及资源的学习和应用考虑在其中。对于开放大学学习者而言,学习资源包括教科书和网上资源。对各类学习资源的使用,仍应充分发挥线下教学与线上教学的作用。教科书的指导和使用一般主要通过面授课完成,网上资源的使用虽以网上学习为主,但仍离不开面授课的指导,告知学习者各类资源的分布,设计梳理出相关的重点资源。如讲解一个知识点,可以借助网上资源,在指导学习者使用资源的同时,帮助学习者加深对知识点的理解。

(2)恰当选择教学策略。教学策略有多种,没有一种适应任何情况的教学策略,要根据实际情况灵活应用。如在课程的教学策略选择上应采用如下几种策略:第一,导入策略,在每一章都通过创设情境,提出问题,激发学习者的参与。第二,组织策略,因为仅仅呈现情境很难达到让学员互动的目的,要采用随机点名、分组的方式鼓励学习者积极发言。第三,强调策略,尤其是对比较枯燥的基础知识、基本原理的讲解,要一再强调在考试过程中可能会出现的考法,通过现场出题让学习者作答。第四,提问策略,尤其是在案例呈现过程中,每到一个故事发展的高潮点,就鼓励学习者设想故事的发展,设想自己是主人公会如何处理案例中碰到的问题,通过步步提问,由易到难,逐步吸引学习者的参与。第五,及时反馈策略,每次学习者回答完问题,都要给予及时的肯定。

(3) 组织开展小组讨论。建构主义强调有组织的协作会话,对于线上教学,组织性尤为重要,是信息技术与课程教学互动性双向整合向更高层面发展的关键。首先,小组分组有讲究。要事先与班主任和班长沟通,对学习者的已有知识、经验和能力有所了解,然后强弱搭配,挑选组织能力强的学生作为组长。其次,小组讨论要有组织性。该课程的学习者是新生,彼此之间不太熟悉,对网上平台系统也不熟悉,不容易产生互动交流,因此可在机房组织一次小组讨论,让学生之间彼此熟悉,方便教师的统一指导。再次,小组讨论主题要有原创性。小组讨论在机房进行,以往很多学习者会直接通过百度等搜索引擎寻找所讨论主题的答案,进行复制、粘贴,为避免这一情况的再次发生,在确定讨论主题之前要事先查看网上关于这一主题的资料,确保该问题尚没有"标准"答案。最后,小组讨论形式有待改进。随着信息技术的发展,可以通过微信、直播课堂、BBS(网络论坛)等多种形式开展小组讨论,既能紧跟信息技术发展的步伐,又能方便学习者学习。

2.7.4.3 教学后的评价活动

(1) 巧妙设计在线测试。在线测试是一种非常重要的学习资源。随着信息技术的发展,在线测试已经成为教学过程中实施形成性评价的有力工具,是信息技术与教学深度融合的又一举措。它可以让师生得到及时反馈,让学习者了解自己对知识的掌握程度,让教师看到学习者的学习情况,以及时调整教学。

(2) 注意收集评价数据。教学活动要尽量做到形成性评价与终结性评价相结合。形成性评价主要通过统计出勤率、访谈、座谈、活动小结等方式进行;终结性评价主要通过总结数据的统计结果、出勤率趋势、学习心得、满意度测评、考试合格率等数据来反映。评价数据的收集和分析,一方面离不开学校的学习支持服务;另一方面,90％的学习者常用 QQ 和微信交流,这些网聊工具已成为收集相关评价数据的重要渠道,而且更能真实地反映学习者的情况,是教学交互和教学评价的有效补充。

2.7.5 课时分配

采用三段式的"翻转课堂"教学模式,将课堂教学主要分为课前、课中、课后三个阶段,在教学设计中将教师活动和学生活动两部分有机结合起来。关于课前、课后学习时间:对于学生来说,混合式教学中的课前在线学习及课后任务时间相对传统教学占用了其更多的课外时间;对于教师来说,线下学习时间的碎片化及学生学习互动及反馈的随机性,要求教师利用课余时间来引导和参与互动及反馈。因此不管是学生还是教师,都意味着在课外环节需要花费更多的时间和精力。课前及课后时间要不要纳入标准学时内,如何计算标准学时这也是混合式教学中需要进一步研究的问题。

2.7.5.1 线上:课前

课前教师的主要任务是选取教学视频,教师可以选取需要讲解知识点的相关实际项目案例或名师授课视频,如果无法找到,就需要教师自己录制,通过理论讲解和操作演示录制与课程知识点一一对应的 5～15 min 的授课视频,帮助学生通过视频学习,对知识点在理论层面有一定的认识,熟悉实际操作过程。接着教师针对视频设定相应的课前自主学习案例,帮助学生通过解答案例中的习题,加深学习兴趣。学生在授课视频和阅读材料的帮助下,完成课前自主学习案例,并且通过线上的交流讨论,巩固知识点或提出新问题。

2.7.5.2 线下:课中

课堂教学是师生面对面交流的最佳平台,教师在课前从MOOC平台掌握学生的课前预习状况和疑问所在,在课堂中就可以进行针对性的重点分析和解答,也可以组织学生进行讨论,采用课堂问答和主题演讲等形式,调动学生积极性,加深对知识点的理解和应用。课堂主题演讲时间控制在 5~10 min,演讲完成后其他学生可以提问,最后由教师进行提炼和总结。无论是主题演讲还是课堂讨论,教师的任务是把控讨论的主题,在自主讨论中积极引导学生按照既定方向进行,同时控制时间,提高课堂授课的有效性。在讨论中,学生必须是主体,在教师点评环节,也要以正面表扬为主,以期调动学生的积极性和创造性。在课程实践环节,也可布置一些主题要求学生分组讨论,学生讨论的分组完全按照自愿的原则,在完成分组后,选出一个组长,组长要负责主题拟定、组织交流、记录心得等工作,教师则要把握小组讨论的进程,适时指导。

2.7.5.3 线上和线下:课后

教师完成 MOOC 平台上未答疑问题的解答,并评定学生本知识点的学习成绩。学生线下完成教师布置的作业,在线上MOOC 平台复习巩固已学知识,在作品交流分享、学习测试评价和总结分析中加深对知识点的理解。

2.7.6　注意事项

2.7.6.1　教学场域的优化

将混合式教学模式运用于教学之中,教师可以随时随地为学生提供教学,学生也可以根据自身的时间安排随时随地进行学习,突破了时空限制,让学生可以进行碎片化的学习。教师还可以为学生提供个性化的学习资源,根据学生的个人情况进行个性化教学,有助于提高学生的学习效率和学习积极性。在混合式教学模式下,教师可以将教学内容用先进的、新颖的方式呈现出来,学生的学习环境得到极大的改善。运用混合式教学模式进行教学,能够为学生创造一个灵活的学习空间,学生更加容易理解所学知识,也能够将所学知识运用到实际中来。

除此之外,混合式教学模式的线上教育功能提供在线教育论坛,在线教育论坛为师生之间的交流提供了互动功能,学生通过这一社交功能不仅可以在线上同教师和同学展开讨论,而且教师也可以在线对学生进行课业的考查,教师与学生、学生与学生之间可以进行学习心得的交流,从而获得质的进步。运用混合式教学模式进行教学,其所构建的教学小课堂内容丰富多彩,在这里,学生可以提出疑难问题并获得解决,还可以利用多种教学方式进行学习。

2.7.6.2　学习实践方面的优化

在学习实践过程中,运用混合式教学能够进行基础知识和低阶知识的获取,以及在线学习社区的构建。混合式教学模式将学习过程中的课文导入、句子讲解等学习内容都融入教学视频中,学生可以根据自身的时间安排随时随地进行学习,还可以根据自身的喜好或不足之处进行视频的选择,使学习过程变得更加灵活,为学生实现个性化学习提供可能。混合式教学实际上是对传统课堂教学模式的一种改革和补充,线上教学将与学生现阶段相适应的教学内容和教学资源进行整合,作为课堂教学的一种补充,线上教育与线下教育相辅相成,同时为提高学生的综合素养做出贡献。利用混合式教学模式,教师还可以对学生的学习进行线上监督,对学生的学习情况和课业完成情况进行评价,遇到疑难问题,教师可以在线上为学生进行解答,学生也可以同其他同学一起进行学习经验的分享和总结,实现共同进步。

2.7.6.3 第二课堂实践方面的优化

在传统的课堂教学中,所传授给学生的知识是有限的,并且脱离实际生活,教学缺乏趣味性。但是在混合式教学模式下,线上小课堂对线下课堂的知识进行了扩展和延伸,许多课堂上难以接触到的知识,学生可以进行线下自主学习,不仅节省了教师教学时间,减轻了教师的负担,而且拓宽了学生的知识面。线上小课堂的教学也更具趣味性,运用科学技术可以实现许多线下课堂不能实现的特殊教学方式。混合教学模式下小课堂的构建能够系统性、针对性地将教学内容分为多个小课堂进行教学,每个小课堂的内容较少,满足了学生对于碎片化学习的需求,并且使学生学习更具有针对性,学生学习起来也更加方便,便于学生对于知识的掌握。第二课堂正好适应了大学教学的实践需求,成为学生知识探索的场地。教师可以合理利用线下教学模式对学生的学习成果进行检验,学生也可以对教师的教学效果进行打分和反馈,以便于教师进行教学方式的改进,在这样的模式下,教学水平可以不断提升。

2.7.6.4　综合运用实践方面的优化

要从根本上提高学生的知识运用能力和解决实际问题的能力,就要从多方面入手,不断提高其对于知识的掌握能力。学生在传统的课堂学习中往往无法学习到如何进行知识的运用,做不到知识的融会贯通,此时教师借助混合式教学模式对学生进行多方面的培养,使学生在学习过程中能够更多地接触实践知识,将理论同实践结合起来。线上教学作为线下教学的一个补充,可以更加丰富课堂内容、加深课堂内容,在这样的教学方式之下,学生能够全面提升专业知识的实际运用能力,为社会培养出高素质的应用型人才。

第3章

信息技术背景下的混合式教学与混合式学习

3.1 信息技术对教育技术的影响

3.1.1 教育技术的本质特征

3.1.1.1 技术的概念

　　总体来讲,技术是方法、规定和工具的统一,人类利用这些对自然进行改变、对生活进行改善,对自身进行改造。也就是说,所有起到一定作用的操作性的体系,都可以称为技术。根据实施对象的不同,可以将技术系统分成两类:一个是软技术,另一个是硬技术。软技术系统的操作对象是社会人文要素,对应产生的成品就是非物质化的概念类制品或者是行为类制品,不是实物类的,称为"软制品"。和软技术系统不同,硬技术系统的操作对象是真实存在的物体,是自然产生的或者人工产生的,所产生的结果是物质类的技术制品,称为"硬制品"。两个技术系统之间相互联系,相互帮助支持,谁都离不开谁。教育技术也不例外,是以软技术为主、硬技术为辅的技术系统。教育技术的操作过程,就是利用相关的工具资源围绕着不断设计发明的各种行为,产生目标结果的过程,或者可以说利用已经拥有的成果资源,不断创造、建造的行为活动。

3.1.1.2　实践领域

　　教育技术是具有很强实践意义的应用学科,其按行为主体进行划分,可分为面向专职工作者的教育技术和面向学习者的教育技术。针对专职工作者的教育技术反映在教育技术专家的实践领域,它的活动操作特性是为其做的设计,也就是为了职业工作者和学习者创造技术性的相关资源。但是,面向专职工作者的教育技术也由此转变成了绩效技术,与经济挂钩。这样一来,它就具备了为其做的设计和与用设计的共同特点。与用设计的特征,第一体现在职业工作者利用已经掌握的技术资源来进行创造,第二就体现在经常性地与他人进行合作创造。教学者从实质上讲,也是要利用技术增进绩效,是一类特殊的职业工作者。面向学习者的教育技术是真正的学习技术,即身处在一定的学习环境中实行内部认知操作,具备了与用设计的特点。

3.1.1.3　面向教师的教育技术

　　从实地考察、实地使用这方面来看,教师可以通过自身的工作内容来进行教育技术的实际应用,包括以下几个方面。

　　(1)不断创造和使用不同的教学资源。任何事情的操作都需要利用一定的相关资源,相对应的,教育资源就是可以促进学习的资源,这种资源就是学习的人员可以与之发生关系,并且有着深刻意义的知识资源、设施资源、学习环境、教学内容和与学习相关的服务(由教学人员提供)。一些资源被称为“设计的学习资源”,是专门为达到学习目的所设计的。还有一些资源被称为“利用的学习资源”,是为达到其他目的而设计的,能为学习者所运用。

（2）用系统方法设计和组织教学过程。推动教学的进展光靠利用学习资源也是不够的，还要知道怎么利用、如何有效地利用。各种教学资源共同组成了教学系统，只有合理利用，进行整体规划，才能有效地设计和组织教学过程。教育技术中系统方法的运用必须要有计划地进行，然后进行创造改进，最终达到教育的目的。这个过程需要遵循一定的步骤：首先制订教育目标，对目标进行深刻理解；其次制订达到目标的计划方法，规定方法的先后顺序，确立用什么媒体，确定使用何种教学材料，对教学方法和学习资源进行审核讨论；最后完善和修正教学资源和教学方法，直到合理达标。过程的有效性体现为5E，即效能（efficacy）、效率（efficiency）、效力（effectiveness）、伦理（ethicality）和优美（elegance）五个方面。

（3）改善工作效率和完善自身。作为老师，不但要教育学生，自己也要不断学习，活到老学到老，才有资格教育他人。教师这个职业是双向的，教育他人的同时也要不断充实自己，因此可以利用教育技术来改善调整教师的工作效率。使用教育技术创造和构建教学的过程，也是提高和整改教师工作效率的过程。为此，教师需要掌握适用的技术工具，以便对技术资源按照教学的要求进行再设计，与专家、同事或其他相关人员进行合作与交流，对学生的学习过程进行有效的评价与管理。教育技术的有效合理利用，可以更加规范、合理地改进教学工作者的工作效率。

再次强调的是，教学工作者需要做到教人教己，不断丰富自己的知识，才能教育好他人，成为合格的教育工作者。为此，提供专业发展的资源，支持专业实践者共同建设，为实践反思提供工具和平台教育技术又成为教师自我发展的实践场。

3.1.2　教育的电子化、技术化和信息化

教育的电子化、技术化和信息化即"电化教育",是我国的专属名词,该名词产生于 20 世纪 30 年代。从我国的《中国大百科全书》中可以查到关于电化教育的定义:通过电器化、电子化的器械设备,如幻灯片、广播、电视等媒体和电子设备进行的教育活动。传到国外以后,《国际教育词典》又将其定义为:利用收音机和电视之类进行的教育。从这里可以看出来,电化教育应用比较局限,单纯地依靠电能和电子传播媒体,是因为这个概念对其所关联的传播媒体的界限有明确的规定。

20 世纪 80 年代以来,我国开始采用国际通行的教育技术作为学科名称,但是电化教育到现在为止仍然被广泛运用。教育技术和电化教育从本质上来讲是有相同之处的,因为两者的最终目的都是要让学习者学习到知识获得能力,达到教育的最终目的。同时,二者教育的作用、特性和解决困难的方式方法也是差不多的,都是利用研发的成效来创造新的教学资源,与此同时利用全新的教学理念和教学方式方法来掌控全部的教学过程。不过,从定义涉及的领域来讲,教育技术要比电化教育范围广阔很多。"AECT 94"定义中就说明了教育技术是指所有与教育相关的全部要素的学习资源。电化教育涉及的都是通过研究出来的新成果而全新发展起来的影像、声音等媒体教学方式,它比教育技术狭窄一些,尽管方法使用得相似,但是它更注重电子类的细微系统。有的时候,电化教育也会涉及广一些的领域,但其主要是用于研究小系统的控制和变化效果,当然更多的情况下是以大中系统的其他因素作为不变的条件。

综上所述,电化教育从属于教育技术,是教育技术的一个分支,同时也是从教育技术衍化而来的,而且电化教育更加侧重现代媒体的创造发展和使用。到了 20 世纪 90 年代末期,因为网络电子信息化技术的不断发展而逐渐向教育领域渗透,我国不断出现了信息化教育的理念。我们认为,同电化教育概念一样,信息化教育也是教育技术的从属概念,代表教育技术发展的新阶段。

3.2　教学与信息技术的融合

3.2.1　融合的本质

(1)融合的本质与内涵。信息技术与传统课程整合的本质与内涵是以先进的教学理论为指导,在教学过程中,科学地运用计算机网络技术,促进学生认知、激励学生情感、丰富教学环境,融合各种教学资源和教学要素,使整个专业教学系统在技术的运用中产生聚集效应,全面提高教育教学质量,实现教学改革的最终目标。

融合意味着信息技术将成为教学的一个有机组成部分,教师必须学会正确处理理论、方法和技术三大要素之间的关系。信息技术整合到课程教学中后,它不仅仅是教学的工具,还是教师职业发展、学生自主学习和创新思维能力培养的推动力,而且技术也成为教学评估和管理的重要组成部分。信息技术的科学运用是提高高校教学改革的关键。

(2)融合的理论基础。教学过程注重的是在理解基础上的知识操练,包含体验式、发现式、探求式、任务式等各种学习模式,自主性、体验性、开放性、创造性等特点决定了它是一种实践性教学活动。实践性教学中基本技能的教学过程正好吻合了信息技术与传统线下教学整合的本质规律。整合的方法关键在于融合,而提高信息技术在教学中的应用水平只是整合的目标之一,充分发挥信息技术应用的开放性、自主性、交互性、协作性等优势,辅助教师更有效地进行课堂教学,促进学生自主学习能力的提升才是整合的关键。陈坚林教授的实践表明,计算机技术突飞猛进,其功能已远远超出辅助的功能。传统的计算机辅助信息化的教学模式将逐步演变成计算机主导的教学模式。计算机能够以教师、学员和同学等多种身份使教学过程进入虚拟化、个性化和自主化的生态系统,生态系统中技术、学生、教师和环境各个教学要素的兼容、动态协调进化是整合成功的关键所在。

3.2.2　融合的教学模式

　　教学模式是指在相关教学理论与实践框架指导下,为达成一定的教学目标而构建的教学活动结构和教学方式。陈坚林教授提出的"基于计算机与课堂的高校教学模式"已不是一般意义上的计算机辅助教学模式,而是计算机信息技术与传统课堂教学的全方位整合模式。整合后的新型教学模式是在信息技术支持下的教学方式,建立在信息化教学环境设计理论与实践框架理论的基础上,包含相关教学策略和教学方法。它改变了计算机辅助教学的传统教学观,把计算机作为整个教学体系的有机组成部分,强调利用信息与网络技术的优势充分发挥师生的积极性与创造性,把面授课堂和计算机自主学习课堂科学融合,把"教师中心"与"学生中心"模式科学融合,使之相互交融、相互转化。整合的教学模式有很多表现方式,如问题导向的教学模式、任务导向的自主学习和协作学习模式、数据驱动学习模式、交互式教学模式、网络探究式教学模式等。

充分利用计算机网络多媒体整合教学策略,可使教学从封闭式、单向性的知识传播向开放式、多向性的信息传播转变。这一阶段的教学模式强调以学生为中心,学生由被动接受者、知识的灌输对象转变为知识的建构者和加工信息的主体。教师从教学权威转变为课堂教学活动的设计者、合作者和指导者。教学的基本要素包含学生、教师和媒体教材。教学设计中要充分利用数字化、网络化、智能化等信息技术,营造良好的学习环境。同时,伴随网上即时通信技术的发展,交互性成为这一阶段教学媒体最大的特点和优势。课外时间师生、同学间的互动则优化了教学过程。

3.2.3 信息技术与教学融合的意义

信息技术与教学的整合,对现代教学模式的发展具有重要意义。计算机辅助教学模式带来许多优势,主要体现在以下几个方面。

(1)整合后的教学手段灵活、资源丰富、环境生动,便于知识的更新,有利于激发学生学习的兴趣。计算机网络技术使教学手段更加灵活多样。网络信息技术为学生提供了海量的学习资源。虚拟空间的"真实情景"激活了学生交际的欲望,人机交互功能为获取知识能力的提高提供了技术保障。学生可以利用网络技术灵活、快速、高效地调用国内外的信息资源,了解最前沿的科研动态。

(2)整合后的教学模式多样,有利于发挥学生的主体作用,培养学生创新、协作精神和批判性思维。整合模式体现了教师与学生的平等观,学生可以利用大量的信息资源批判性地接受教师、专家们的观点与思想,而不是盲从。发现式学习、探究性学习、体验式学习倡导的新型教学模式,自我驱动型、基于任务型、基于项目型、基于内容型、基于云计算型、交互型、协作型等教学模式在网络环境下传统课堂教学中的运用给予学生极大的自我发现、自我创造的空间。学生可以按照自身的学习目标、学习基础来选择学习内容,用协商讨论的策略来完成老师布置的学习任务,充分发挥他们的主体作用。

(3)整合促进学生综合素质的培养,提升教学效果。计算机网络与教学的融合能够帮助学习者提高综合素质。大量的实验证实:人类获取信息的途径 83% 来自视觉,11% 来自听觉,3.5% 来自嗅觉,1.5% 来自触觉,1% 来自味觉。人类能记住阅读内容的 10%,听到内容的 20%,看到内容的 30%,听到和看到内容的 50%,在交流过程中自己所说内容的 70%。整合后的课堂为学生提供的外部刺激正是多种感官的综合刺激,必将提升课堂教学效果。

(4)培养自主学习能力,促进个性化教学。学生在整合模式中,通过信息检索、信息采集,并在此基础上对信息进行分析与加工,最终形成自己的外语知识体系,这同时也实现了发现式、探索式学习。"教师为主导,学生为主体"的新教学理念得以实现。在网络化时代中,学生的认知能力和涉及知识面已经远远超越了传统课堂的范围,建立在网络平台上的个性化、开放性和自主性的新型教学模式能够满足不同学生的需求,学生能根据自己的知识基础、实际情况和学习兴趣来选择不同级别、不同水平的学习内容和适合自己水平的练习。每一个学生都有为其量身定做的学习内容和计划,帮助优秀学生向更高的层次进取,也为学习暂时有困难的学生提供自由宽松的空间。自主学习课堂利用丰富的互联网资源和网络技术,充分显示了其灵活性、针对性、实时性和自主性的个性化教学特征,使学生真正成为学习的主人,培养了学生的自主学习能力。

3.3　混合式教学与混合式学习

在互联网时代背景下,学生学习的路径和方式都发生了根本性的变化。教学改革的一个重要趋势就是将传统面授与在线学习相结合,当前的教学借助了教育信息化技术,打破了传统单一的面授模式,逐渐朝个性化、自主化的方向发展。

3.3.1　混合式教学

3.3.1.1　内涵

混合式学习的英文译文为 blended learning,这并不是一个新的概念,blend 一词的意思是"混合",blended learning 的原有意思为混合式学习或结合式学习,其说法在多年之前就已存在。究竟混合的内容包括什么,学者们给出了不同的观点。

德里斯科尔指出,混合式教学的定义可以概括为以下四点:

(1)教学方法(如建构主义、行为主义、认知主义等)的混合。

(2)任何一种教育技术,如视听媒体(幻灯投影、录音录像等)与面对面课堂教学的混合。

(3)教学与实际工作任务的混合。

（4）各种网络技术的混合（如虚拟课堂、自定步调学习、合作学习、流媒体视频等）。

近年来，随着信息技术的迅速普及，教育界开始利用术语"混合"的内涵，但赋予了它全新的意义，即与信息技术密切相关。过于宽泛的定义，一方面无法理清混合式教学的本质，另一方面缺乏操作性。目前，学术界对于混合式教学的普遍认识是：混合式教学包括面对面学习和在线学习两个部分，是二者的结合。具体的界定可以分为以下几个类型：

（1）仅强调核心成分。部分研究者仅强调混合式教学的核心成分，即涵盖在线学习和面对面学习两个因素，如格雷厄姆指出，混合式教学是面对面课堂教学与在线学习的结合。

（2）关注课堂面授是否部分被在线学习取代。有的研究者认为混合式教学不仅仅是在传统课堂中添加信息技术的成分，所以将面授时间的减少加入混合式教学的定义中。

（3）强调混合的质量。一些混合式教学的定义特意将"质量"引入其中，认为混合式教学是教师、学生、学习资源之间的面对面互动与技术支持互动的"系统的"结合。

3.3.1.2　特征

大体上说，混合式教学有以下几个特点。

（1）动态性。由混合式学习第一次出现到之后经历的几个阶段可知，混合式教学也随着时代和环境的改变得到了不断完善和发展，其囊括的教学模式、教学方法、教学内容等越来越多样化。

（2）多元性。由混合式教学的定义就能看出其"多元"的特征，其是"教"与"学"多种要素的整合，是多个教学维度的有机结合。另外，混合式教学的理论基础也是多元的，今天包括认知主义、行为主义、建构主义、社会文化、教育传播等理论。

（3）实用性。企业培训使得混合式教学得以产生，之后，开始有一些国家将其应用于教育领域，如中小学教学和高等教育的教学、教师培训等。该领域的探索与实践研究表明，混合式教学是非常有效的教学方式，其应用和研究领域极为广泛。

（4）时代性。教育国际化和信息化的一个必然产物就是混合式教学。在教育领域中，混合式教学的时代性备受关注。另外，随着科技的发展和教育技术的不断更新，混合式教学被赋予了新的科技内涵。

3.3.2　混合式学习

混合式学习是一种非常灵活的课程设计方式，其不受时间和空间的限制，可以是在线课程，也可以是面对面接触，不仅是对传统教学的改革，而且是对网络化学习反思后的变革。对于混合式学习的定义，中西方学者从不同角度给出了不同解释。混合式学习系统是面对面教育和基于计算机教育的结合，面对面环境和分布式学习环境的四个互动维度包括：空间（现场—虚拟）、时间（同步—异步）、忠实度（高忠实度对感知的各个层面包括声音、图片、电影、文本等进行考察；低忠实度仅从课文角度进行考察）和人性化（人与人之间的互动—机器与机器之间的互动）。

混合式学习是人们对网络学习进行反思后，出现在教育领域，特别是教育技术领域中较为流行的一个术语，即综合运用不同的学习理论、不同的技术和手段及不同的应用方式来实施教学的一种策略。其通过有机整合面对面的课堂学习和数字化学习两种典型的教学形式而成为当前信息技术教学应用的主要趋势。其主要目的是融合课堂教学和网络教学的优势,综合采用以教师讲授为主的集体教学形式、基于"合作"理念的小组教学形式和以自主学习为主的教学形式。

3.4　混合式教学过程分析

3.4.1　教学对象

首先,培养大学生解决问题的能力至关重要,正如独立、辩证地思考有助于解决个人和家庭问题,解决问题的技能可以帮助学生解决未来工作中的很多问题,最终目标是帮助学生提升各种生活和工作技能。在多样化的课堂,学生的适应性首先始于对教师的适应。很早就有学者建议教师在设计教学课堂和学习策略时,需要考虑到学生的因素,如他们的需求、能力、兴趣、已有的学习体验、不同课程与学习风格之间的关联等。

其次,有必要培养学生的思辨能力和质疑能力。受到几十年应试教育模式的影响,学生习惯靠背诵和机械记忆来应付各类专业课程考试,而在教学中几乎忽略了学生思辨能力的培养。当前,各行各业都在呼吁学生能成为善于辩证思考的人。近年来,学生的批判性思维能力更是被列为学生求职的先决条件。思辨能力并不是一个全新的理念,其涵盖了四个部分:了解已有的问题;评价已有的论据并质疑未呈现的论据;考虑对某问题的多种观点和看法;在论据的基础上表明自己的观点并同时能意识到别人的多元化观点。基于此,教师在和学生进行课堂互动时,可有意识地通过提问、主题分析、发散性阐述等形式激发学生的各种思辨性讨论和辩证性思考。

可以说,学生在校期间知识应用能力的培养是当前学生发展的现实需求。当前的大学生涉猎的专业领域十分广泛,他们具有一定的知识运用能力,但基础知识与专业知识混合式教学模式基础探究能力低下。因此,结合当代大学课堂教学的培养目标和教学现状,高校教学应该全面提高学生的综合能力。

3.4.2 教学内容

高校的教学质量与教学改革应以培养学生的专业水平和工程能力为主要内容。结合当前的教学内容便可发现,教学内容与学生的学习需求严重失调。当前很多高校仍使用陈旧的教学素材,而技术的引入只是单纯地改变了教师授课环境,并未实现真正意义上技术与课程的整合。本书将从多个方面考察学生的混合式学习情况,剖析混合式教学模式下各个教学要素存在的主要问题。

3.4.3 教学环境

教学环境是指一个"教与学"发生和发展的环境系统,受到多种因素的制约。在信息化时代,教学环境被赋予了新的内涵和特征。能否创设有效的教学环境直接关系到学生的整个学习活动,因为高效的学习环境可以激发、推动、强化学生的各种教学行为,有利于知识的掌握、学习成果的巩固、个性和才能的施展及多种技能的提升。

3.4.3.1 教学环境的功能和设计

教学环境的布置需要教师考虑具体学情和其他教学要素的影响,需要服务于多种教学目的,如情感目的、实用知识目的、行为变化认知目的等。信息技术在大学教育中广泛应用后,计算机网络学习环境已经成为影响学生发展的一种重要学习环境。但是,由于在环境建设和维护运行方面存在诸多问题,导致这些花费巨资建立起来的网络环境、投入大量精力开发的网络课程、费尽心思构建的网络学习社区等的应用效果并不理想。美国《教育技术》杂志主编班德鲁认为,一个有意义的网络学习环境是由许多因素(如校方制度、教学法、技术支持、评价方法等)构成的,这些因素既相互关联又相互独立。

总之,学习所需的环境应该是一种综合、动态、平衡的环境,需具有兼容系统内部各要素的功能,这取自生态环境的特点;也需具有制约学习活动,使要素互相作用、互相依赖、互相转换的功能,这取自系统论的环境特征;还需具有影响个体发展的功能,这取自环境心理学的环境观;更需要具有文化促进的功能,这取自教育环境的文化特征。因此,理想的学习环境应该注重两条基本原则:一是能稳定学习结构,兼容学习要素;二是能制约学习运转,促进个体发展。同时,教学环境本身又是一个系统,因为它是由许多互相联系和互相作用的部分(要素)按照一定层次和结构组成并具有特定功能的有机整体。在这个系统中,各教学要素都具有其特定的功能,相互竞争、相互作用、相互依存,形成健康有序的状态。

3.4.3.2　学习管理系统

互联网在高等教育中的应用越来越广泛,特别是教育科技和各种学习管理系统的开发和应用。学习管理系统在高等教育中的应用也越来越广泛,高校的师生甚至自己动手研发该类系统或平台。国外的 Schoology 就是由三名美国华盛顿大学的研究生于 2009 年创建的。学习管理系统可以让教育者非常轻松地发布作业、测验及分享额外学习资源,也可以开展在线课程的教学，提供一对一的补习或教学讨论。目前，国内所使用的学习管理系统或网络教学平台主要有蓝鸽、超星、蓝墨云、Moodle 等。网络教学平台可以将学生、教师及学习资源通过安全的在线环境联系起来，为教师提供各种教学工具，如讨论发帖等。

在教学中使用信息技术，教师可以重新设计课程，激发学生参与学习的主动性，帮助学生获得新的知识和技能。教育科技特别是学习管理系统可视为课程设计的部分，扮演重要的作用。网络学习平台或学习管理系统通常用于师生对课程内容的组织及师生之间的交流，这些平台和系统因成本、界面、技术支持等方面的差异，在课程项目的管理上也有所不同，其差异也可能是由物理位置的差异所导致的。

学习管理系统不仅是一个发布学习内容的系统，除了为老师和学生提供所需的在线教育资源外，还可以创建课程公告、显示作业和成绩、上传教学讲稿和文件、沟通与协作、开展同伴学习、创造灵活的网络化学习经历等。在课程中使用学习管理系统时，老师和学生一般会考察课程安排和设计、系统自带的工具和模块特点、学习共同体的扩大程度及个性化特点等。因此，为了更充分、合理地利用混合式学习平台、学习管理系统，有必要了解平台或系统的具体模块和功能特征。混合式学习在高校和企业中已经成为非常流行的学习趋势。很多高校都为教师提供各种学习管理系统，方便教师组织和传输课程内容。国外也有不少研究证明学生对学习管理系统持积极态度，特别是对系统保证学生有序学习方面的认可。

第4章

能源动力类专业特点与混合式教学需求

能源与动力工程是中国普通高等学校的一个本科专业,隶属于能源动力类,修业年限为四年,授予工学学士学位。该专业主要研究传统和新兴能源的开发与利用,以及涉及内燃机、锅炉、航空发动机、制冷机等热工设备的设计和测试技术,研究范围包括煤、石油、天然气、核能、风能、生物能等各种能源,在应用上体现为天然气作为汽车燃料、风能用于发电、燃气锅炉供暖等方面。该专业毕业生可选择进入热能工程、动力工程等领域从事相关设计和管理工作。

4.1 专业介绍

4.1.1 建设背景

能源是人类赖以生存的物质基础,动力是维系现代工业运行的基本条件,节能环保是社会可持续发展的可靠保障。能源动力领域是关系国家繁荣发展、人民生活改善、社会长治久安的国际前沿科技领域和国民经济支柱产业;能源动力领域的人才培养对推动中国能源供给革命、能源消费革命和能源技术革命具有重要意义。

随着社会进步和科学技术的快速发展,能源动力类专业的传统内涵正在不断拓展和延伸,与环境科学、材料科学、生物科学、化学科学、信息科学、经济与管理科学等学科不断交叉与融合。对能源转化利用规律探索的不断深化,在拓宽和突破传统专业界限的同时,持续促进新理论、新方法、新技术的产生和应用,对能源动力类专业教育知识体系的构建及专业人才的培养质量提出了更高的要求。

4.1.2 发展历程

20 世纪 50 年代,热能与动力工程专业初步形成,热能与动力工程专业包括锅炉、电厂热能、内燃机、涡轮机、风机、压缩机、制冷、低温、供热通风与空调工程、冷冻与冷藏、水能动力工程、水电站动力装置、水电站动力设备、水能动力及其自动化、机电排灌工程、水能动力与提水工程以及工程热物理等几十个小专业,形成了以工业产品生产引导高等学校人才培养目标的基本格局。

1993 年 7 月,国家教育委员会颁布《普通高等学校本科专业目录》,将几十个小专业压缩为 9 个专业,即热能工程、热能工程与动力机械、热力发动机、制冷及低温工程、流体机械与流体工程、水利水电动力工程、工程热物理、能源工程、冷冻与冷藏。

1998 年,教育部颁布新的《普通高等学校本科专业目录》,将以上 9 个专业合并,设置热能与动力工程专业。

2012 年,在 1998 年原《普通高等学校本科专业目录》及原设目录外专业的基础上,经分科类调查研究、专题论证、总体优化配置、广泛征求意见、专家审议、行政决策等过程,教育部颁布了《普通高等学校本科专业目录(2012年)》,将热能与动力工程(专业代码0080501)调整为能源与动力工程(专业代码080501)。

2020年2月21日,教育部颁布《普通高等学校本科专业目录(2020年版)》,能源与动力工程专业为工学门类专业,专业代码为080501,属于能源动力类专业,授予工学学士学位,学制为四年。

4.1.3　课程设置

专业核心课程:工程流体力学、工程热力学、传热学、热力系统及分析方法、流体机械原理、动力机械原理、燃烧与锅炉原理、制冷与空调原理、能源与动力工程测试技术、热工过程控制。

专业特色课程:能源系统人工智能方法、能源动力工程项目管理。

专业辅修课程:工程流体力学A、工程热力学A、传热学、热力系统及分析方法、流体机械原理、动力机械原理、燃烧与锅炉原理、制冷与空调原理、能源与动力工程测试技术、热工过程控制、工程流体力学A实验、工程热力学A实验、传热学实验、能源与动力工程测试技术实验、毕业设计(论文)。

图4-1所示为能源动力类专业课程体系拓扑图。

4.1.4　培养目标

能源与动力工程专业培养具备动力工程及工程热物理学科宽厚基础理论,系统掌握能源(包括新能源)高效洁净转化与利用、能源动力装备与系统、能源与环境系统工程等方面的专

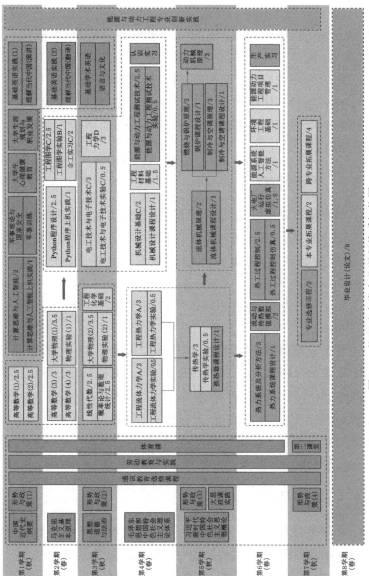

图4-1　能源动力类专业课程体系拓扑图

业知识,能从事能源、动力、环保等领域的科学研究、技术开发、设计制造、运行控制、教学、管理等工作,富有社会责任感,具有国际视野、创新创业精神、工程实践能力和竞争意识的高素质专门人才。人才培养方案见图 4-2。

本专业学生主要学习各种能量转换及有效利用的理论与技术,接受现代科学与工程的基本训练,掌握能源、热科学及动力系统基础理论,掌握本专业所需的数学、物理学和化学等基础科学知识,以及相关工程学科,如工程力学、机械工程、材料科学与工程、电气工程、电子科学与技术、控制科学与工程、环境工程和计算机科学与技术。熟悉能源系统中的热力学、流体力学、传热学、燃烧学、能源转换与利用、污染物排放与控制等基础理论和基本知识。此外,学生还应该了解能源动力系统与装备设计制造、运行控制、故障诊断、可靠性分析等方面的基本原理和相关专业知识。熟练掌握计算机技术和现代信息技术,以更好地了解最新科技信息,跟踪本专业领域的前沿发展现状和趋势。学生必须具备辅助设计、数值计算和工程分析等计算机技能,以应对工作和实验室中可能遇到的各种问题。掌握计算机及控制技术等现代工具,具备从事节能、制冷、动力、环保和新能源开发利用等领域设备研究开发、设计制造和应用管理所必需的工程技术知识,初步具有应用所学知识提出、分析及解决本专业领域问题的能力。本专业学生还应具有有效的沟通与交流能力、良好的职业道德和团队精神,对职业、社会、环境有责任感,树立节能减排的理念。

毕业生应获得以下几个方面的知识和能力:

(1)掌握并能应用与本专业相关的数学、物理、力学、材料、机械、热工、控制、电工电子等工程科学基础知识。

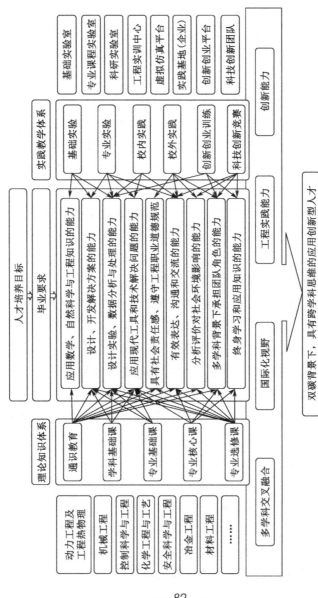

图4-2 人才培养方案

（2）具有专门针对能源动力系统提出、分析及解决问题的能力，适应本专业要求的个人能力和专业素质，能进行能源新产品和新系统的设计与开发、运行维护以及相关制造，具有集成创新的能力。

能源与动力工程专业培养学生具备动力工程及工程热物理学科的广泛基础理论知识，并系统掌握能源高效洁净转化与利用、新能源技术、能源动力装备与系统、能源与环境系统工程等专业领域的知识。毕业生将具备在能源、动力和环保领域从事科学研究、技术开发、设计制造、运行控制、教学、管理等工作所需的能力，同时具有社会责任感、国际视野、创新创业精神、工程实践能力以及强烈的竞争意识，成为高素质、具备专业技能的人才。

4.1.5　毕业要求

能源与动力工程专业毕业要求及观测点见表 4-1。

表 4-1　能源与动力工程专业毕业要求及观测点

毕业要求	观测点
1. 工程知识。能够将数学、自然科学、计算、工程基础和专业知识用于解决能源与动力工程领域复杂工程问题	1.1　能够将数学知识用于解决能源与动力工程领域复杂工程问题
	1.2　能够将自然科学知识用于解决能源与动力工程领域复杂工程问题
	1.3　能够将计算知识用于解决能源与动力工程领域复杂工程问题
	1.4　能够将工程基础知识用于解决能源与动力工程领域复杂工程问题
	1.5　能够将专业知识用于解决能源与动力工程领域复杂工程问题

表 4-1（续）

毕业要求	观测点
2. 问题分析。能够应用数学、自然科学和工程科学的第一性原理，识别、表达并通过文献研究分析能源与动力工程领域复杂工程问题，综合考虑可持续发展的要求，以获得有效结论	2.1 能够应用数学、自然科学和工程科学的第一性原理，识别、表达并通过文献研究分析能源与动力工程领域复杂工程问题，以获得有效结论
	2.2 能够在分析能源与动力工程领域复杂工程问题时，综合考虑可持续发展的要求，以获得有效结论
3. 设计/开发解决方案。能够针对能源与动力工程领域复杂工程问题开发和设计解决方案，设计满足特定需求的系统、单元(部件)或工艺流程，体现创新性，并从健康与安全、全生命周期成本与净零碳要求、法律与伦理、社会与文化等角度考虑可行性	3.1 能够针对能源与动力工程领域复杂工程问题开发和设计解决方案
	3.2 能够针对能源与动力工程领域复杂工程问题设计满足特定需求的系统、单元(部件)或工艺流程，体现创新性
	3.3 能够在开发和设计能源与动力工程领域复杂工程问题解决方案时，从健康与安全、全生命周期成本与净零碳要求、法律与伦理、社会与文化等角度考虑可行性
4. 研究。能够基于科学原理并采用科学方法对能源与动力工程领域复杂工程问题进行研究，包括设计实验、分析与解释数据，并通过信息综合得到合理有效的结论	4.1 能够基于科学原理并采用科学方法对能源与动力工程领域复杂工程问题进行研究
	4.2 能够针对能源与动力工程领域复杂工程问题设计实验、分析与解释数据，并通过信息综合得到合理有效的结论
5. 使用现代工具。能够针对能源与动力工程领域复杂工程问题，开发、选择与使用恰当的技术、资源、现代工程工具和信息技术工具，包括对复杂工程问题的预测与模拟，并能够理解其局限性	5.1 能够针对能源与动力工程领域复杂工程问题，开发、选择与使用恰当的技术、资源、现代工程工具和信息技术工具，并能够理解其局限性
	5.2 能够使用现代工具对复杂工程问题进行预测与模拟，并能够理解其局限性

表 4-1（续）

毕业要求	观测点
6. 工程与可持续发展。在解决能源与动力工程领域复杂工程问题时，能够基于工程相关背景知识，分析和评价工程实践对健康、安全、环境、法律以及经济和社会可持续发展的影响，并理解应承担的责任	6.1　在解决能源与动力工程领域复杂工程问题时，能够基于工程相关背景知识，分析和评价工程实践对健康、安全、环境、法律以及经济和社会可持续发展的影响
	6.2　在解决能源与动力工程领域复杂工程问题时，能够理解在工程实践对健康、安全、环境、法律以及经济和社会可持续发展的影响方面应承担的责任
7. 伦理和职业规范。有工程报国、工程为民的意识，具有人文社会科学素养和社会责任感，能够理解和应用工程伦理，在能源与动力工程领域工程实践中遵守工程职业道德、规范和相关法律，履行责任	7.1　有工程报国、工程为民的意识，具有人文社会科学素养和社会责任感
	7.2　能够理解和应用工程伦理，在能源与动力工程领域工程实践中遵守工程职业道德、规范和相关法律，履行责任
8. 个人和团队。能够在多样化、多学科背景下的团队中承担个体、团队成员以及负责人的角色	8.1　能够在多样化、多学科背景下的团队中承担个体、团队成员以及负责人的角色
9. 沟通。能够就能源与动力工程领域复杂工程问题与业界同行及社会公众进行有效沟通和交流，包括撰写报告和设计文稿、陈述发言、清晰表达或回应指令；能够在跨文化背景下进行沟通和交流，理解、尊重语言和文化差异	9.1　能够就能源与动力工程领域复杂工程问题与业界同行及社会公众进行有效沟通和交流，包括撰写报告和设计文稿、陈述发言、清晰表达或回应指令
	9.2　能够在跨文化背景下进行沟通和交流，理解、尊重语言和文化差异
10. 项目管理。理解并掌握能源与动力工程领域工程项目相关的管理原理与经济决策方法，并能够在多学科环境中应用	10.1　理解并掌握能源与动力工程领域工程项目相关的管理原理与经济决策方法，并能够在多学科环境中应用

表 4-1（续）

毕业要求	观测点
11. 终身学习。具有自主学习和终身学习的意识和能力，能够理解广泛的技术变革对工程和社会的影响，适应新技术变革，具有批判性思维能力	11.1　具有自主学习和终身学习的意识和能力，能够理解广泛的技术变革对工程和社会的影响，适应新技术变革，具有批判性思维能力

4.2　能源动力类专业开展混合式教学的需求

　　能源与动力工程专业涵盖热能工程、动力工程、制冷技术及热工控制等多个专业方向，既包括与传统能源利用相关的技术、设备及系统，又包括与现代能源利用相关的新能源技术、智慧能源技术，知识面广、综合性强、基础课程理论性强。

　　实验是培养创新意识和动手能力的主要方式之一，也是沟通理论与实践的桥梁，对于加深学生对知识的理解、促进知识向成果的转化具有重要意义。能源动力类专业还包含大量实验课程，专业特点决定了能源动力类实验课程数量大、种类多，在实际操作过程中存在以下特点及弊端：① 操作工质多样，包括氮气、氧气、空气、水蒸气、燃气及多种气体的混合气体，有的有毒，有的易燃易爆；工质参数范围较广，压力范围低至几千帕、高至几十兆帕，温度范围亦从零下几十甚至几百摄氏度高至零上几百摄氏度，实际实验中很难达到这些工况，即使能够实现，操作过程中也存在人身及设备安全隐患。上述特点决定了能源动力类实物实验只能局限于采用某些介质在某些特定参数下进行，学生很少有机会接触到与实际工业应用相关的高温、高压、高转速、易燃易爆等工况。② 能源动力类实验多为多设备组成的系统性实验,且一般设备体积比较大、价格昂贵,前期投入大,后期维护费用高,经费和场地限制了实验内容的拓展。③ 学生课程数量多,其时间和精力使实验时间的安排成为难题。受时空限制,实验教师很难在有限的时间内细致地指导大批学生进行实验,且师生互动不够充分,理论课程与实验课程脱节的现象时有发生。④ 目前能源动力类实验大多局限在基础实验,实验设备、实验系统及实验步骤相对固定,学生不能实现实验的自主设计与搭建,实验过程比较被动;同时实验内容往往是验证性的,各个学科之间相互独立,缺乏交叉性和综合性。

鉴于上述原因,当前实验教学方法和模式多以验证性为主,受限于仪器性能、人员和环境安全等众多因素,实验教学设备往往只能满足特定条件理想工况下的实验需求。缺乏有效的实验教学手段,导致理论基础知识与工程实际运用之间存在脱节,不利于创新素质的提高和工程应用型人才的培养。此外,在信息爆炸式传播的当下,学生的视野较为开阔,小尺度、低参数的演示验证性实验课程已不能充分调动学生的兴趣,造成学生积极性降低,课堂教学效果不佳。由此可见,在当前的社会背景和教学模式下,"教"与"学"环节衔接不畅,传统教学模式不能充分起到培养学生创新思维和能力的作用。虚拟仿真是重现现实场景的重要手段,具有安全高效的优点,是教育信息化建设的重要内容。利用常规实验设备满足基本原理的验证,开发虚拟实验平台拓展实际工程应用,构建虚实融合的教学策略和培养体系,着重提升学生的创新思维和能力,是解决"教""学"脱钩的有效途径之一。

虚拟仿真实验教学是当前各大高校产学结合的新形式,旨在利用虚拟现实技术模拟真实的操作环境,使学生可以在高度逼真的仿真环境下模拟实验操作,以获得与真实操作环境接近的实验体验。从某种意义上来说,虚拟仿真实验可以代替部分真实实验。利用该方式开展实验教学有以下优点:① 突破时空限制。学生不仅可以根据自身情况随时随地进行实验,还可以多次反复实验,灵活的实验方式可以最大限度地满足学生的各种需求。② 丰富实验种类。虚拟现实可以实现传统实验因为空间有限、经费紧张、危险系数高所不能实现的实验。③ 增加高温、高压等高危实验的安全系数及可操作性。在传统教学中,高危实验多以视频、讲解等方式呈现,学生可操作性低,虚拟实验可以提供安全的实验手段,反复实验之余以直观的方式呈现错误操作造成的后果,有助于加强学生实验操作的正确性,培养其严谨的科学态度。④ 增加实验的开放共享性。借助于互联网技术,虚拟实验有利于实现各实验资源的开放、共享,减少各校实验项目的重复建设。⑤ 有利于培养学生的创新精神。传统实验教学多以教师为主,由教师讲解相对固定的实验步骤,然后学生根据讲解进行实验,灵活性差。虚拟实验可以将实验内容、实验设备模块化,学生不仅可以实现传统意义上的实验操作,同时还可以对实验模块进行各种组合,实现实验的自主设计、分析,有利于培养学生的创新精神。

在国家政策的推动下,各大院校近年来都做了大量虚拟实验开发的相关工作,综合来看,能源动力类虚拟实验的开发主要有两大类,多数为仿真操作演示型,主要针对一些大型系统的仿真操作及大型设备的结构认知拆装,如发电厂、风力发电系统、制冷压缩机拆装等仿真教学;少数为理论验证型,如气体燃烧本生灯实验、CO_2 临界状态及压力(P)-体积(V)-温度(T)关系测定、喷管特性等。虚拟仿真实验的建设正受到越来越多的关注,这为能源动力类专业开展混合式教学提供了基础。

4.3　能源动力类专业开展混合式教学的可行性

"互联网+"背景下的线上线下混合式教学在实践中产生了令人满意的结果。这种教学模式是能源动力类教学改革的发展方向和必然趋势,具有如下可行性。

(1) 学生的网络信息需求使线上线下混合式教学成为可能。学生对线上学习非常有兴趣。线上学习具有丰富的在线资源、生动的媒体手段、便捷的互动交流、超时空的学习机会等优势,使当代大学生通过互联网自主学习、个性学习的意愿更加强烈。学生对网络信息的需求是多元的、全方位的,表现为综合化和个性化,资讯信息在学生平时的学习和生活中发挥着越来越重要的作用。他们除了学习本专业知识外,还需要了解更多交叉学科方面的综合知识,并且将分散的基础知识融会贯通,构建个性化学习数据库,扩大对专业知识的学习及应用范围,完善专业学习的认知架构,从而提高工程实践应用能力、文化素养和品位。学生希望从大量的一般性信息需求满足转向对解决问题起关键性作用的高效的信息需求满足,通过教师的指导,培养并提高他们的针对性学习能力,满足高层次学习的需求。大多数学生非常认可线上、线下混合式教学模式,认为网络教学平台能提供丰富的知识,并且愿意主动去学习,参与学习用户群里的互动交流。

（2）教师的技术素养使线上、线下混合式教学成为可能。混合式课堂教学模式的成功实施离不开高素质的一线教师。教师的学科素养、教育教学素养、信息技术素养及教育智慧等，共同决定了混合课堂教学质量。教师的现代化技术素养直接关系到他们能否熟练操作网络教学平台，能否熟练上传和更新学习语料，能否熟练调用其他学习平台上的资源和数据，事关"交互式"的教学和管理能否实现。具有较高技术素养的教师能轻松驾驭现代媒体，将线上教学作为常态化工作模式，能不断更新教学理念，灵活运用教学方法，动态提供教学信息，个性化定制教学内容，满足学生的多样化学习需要，跟上现代化教学改革的节奏。在混合式课堂教学模式下，教师的角色已从知识讲解为主转向答疑解惑为主，从注重学生对知识的理解转向重视学生高层次思维能力的发展和综合素质的培养，从面向学生全体转为面向学生个体。更重要的是，有效实施线上、线下翻转式教学模式，是新时期教师专业成长的重要途径之一。

（3）现代技术的高速发展使线上、线下混合式教学成为可能。随着网络通信技术和互联网技术的快速发展，高校实施线上、线下混合式教学成为可能。先进的技术和完善的硬件设施，为互联网线上教学的开展创造了良好的条件和时机。大学校园网、Wi-Fi全覆盖、数字化校园和智能型园区建设以及智能手机的普及，为线上教育和学习提供了可靠的支撑条件。线上教学是一种借助移动设备，能够在任何时间、任何地点进行教学的方式，所使用的移动设备必须能够有效地呈现学习内容，并且为教师和学生提供双向交流通道，保障在线学习和互动的畅通。利用网络教学平台，学习者可以方便地对学习时间、地点和方式做出个性化的选择，开展动态的自主学习。能源动力类线上教学在呈现真实场景、微课视频、动画片段音频演播等教学内容时彰显了交互式媒体的优势,确保自主学习过程的互动性、趣味性。在线学习平台提供了过程评价和结果评价相结合的智能型教学评价工具,支持灵活的评价策略,能实时提供学生学习、教师教学和教学过程的量化数据,有效推动了线上教学的开展。

(4) 线上、线下混合式教学使培养学生的自主学习能力成为可能。线上、线下翻转式教学是培养学生自主学习能力的重要手段之一。在教学中,这种混合式教学模式要求学生有较强的自控能力,这是提高学生自主学习能力的关键所在。线上、线下混合式教学是一种逆向的授课方式。它的逆向表现在以下环节:① 课前,学生对所学内容先观看、先自学、先记录、先认知;② 课中,教师不刻意讲解全部内容,而是通过活动环节的设计,答疑解惑,给予个性化点评和纠正,再提出新的任务。线上、线下混合式教学强调个性化教学与自主学习相结合。学生在教师的指导下,根据自己的学习特点和水平,选择合适的学习内容、学习方法和学习时间,自愿参与网上学习论坛,自主进入虚拟教学课堂。这样的自主学习可以潜移默化地培养学生良好的学习习惯和学习能力,有助于学生较快地提高专业综合应用能力,获得最佳的学习效果。

(5) 线上、线下混合式教学模式吸引了越来越多的教师和学生。线上、线下教学形式各有优缺点,在教学实践中将线上教学与线下教学相结合,进行教与学的翻转,能够实现两种模式的充分互补,因此,受到广大教师和学生的肯定。网络教育方式能弥补线下教学模式中学习资源不丰富的缺点。互联网中丰富的信息资源拓展了教学内容的深度和广度,为学生创造了更多的学习机会,提供了更便捷的学习途径。但是,海量的网络信息有时也会分散学生的注意力,使学生对必须完成的学习任务关注不够;教师也难以控制学生的线上学习进程和学习效果;学生长时间观看手机播放的教学视频和微课,也有可能失去学习兴趣。因此,能源与动力工程专业教学还是不能忽视面对面的课堂教育和一对一的师生沟通,线下教学有助于解决线上学习碰到的一些问题。线下教学具有实时互动性,教师可以随时关注学生的课堂学习情况,随时调整教学方法,学生在观察同伴学习的过程中开展交互学习。专业学习离不开场景的感知、同伴的交流、文化的渗透以及思维情感的体验,离不开以知识为载体的现场互动教学。当然,线下教学也有不足,如学习资源多是枯燥的文本资料,学生只能跟着教师的节奏学习,无法回放教学过程等;课堂上,教师要顾及大部分学生,难以做到面面俱到,不可能始终考虑所有学生的个性化需求。

可见,能源动力类专业开展线上、线下混合式教学具有可行性,但教师开展大学线上、线下混合式教学,必须透彻把握教学理念,细致规划课程方向,明确线上学习目标和线下教学目标,提出具体的教学要求。教师要结合具体专业课程的教学任务,不断增加新的资源,上传新的微视频、课件 PPT、文字资料以及链接等,以充实和更新学生在线学习的资源库,保证学习内容的新颖性、时效性、实用性。总而言之,线上、线下混合式教学改革较好地融合了在线教学和传统的课堂教学模式,能够有效调动学生的学习主动性,实现"教学相长"的良性循环。线上、线下混合式教学有待广大教师在教学中不断深入探索。

第 5 章

混合式教学模式下能源动力类专业教师的角色转变

混合式教学是一种学习理念的提升,这种提升会使得学生的认知方式发生改变,教师的教学模式、教学策略、角色也都发生改变。这种改变不仅只是形式的改变,而且还是在分析学生需要、教学内容、实际教学环境的基础上,充分利用在线教学和课堂教学的优势互补来提高学生的认知效果。

教师是教育体系中一个十分重要的角色,随着社会的发展、教育的改革以及多媒体、网络技术的日益普及,教师角色和教师能力随之发生了一系列改变。

5.1 混合式教学对能源动力类专业教师的要求

5.1.1 基本要求

(1)教学的趣味性和有效性相统一。课堂趣味性的因素包括神秘的故事、真实的挑战、角色扮演、有启发性的案例学习、模拟审判等。但有趣并不一定有效。有效教学具有六个基本特征:以清晰而有价值的目标为指向;提供示范与反馈;学习者理解学习任务和目的;有明确的评价标准和模式,允许学习者掌握学习进度;学习者的经验和现实世界相联系,使得认识更具有直观性和真实性;在反馈的基础上创造机会进行自我评价和自我调整。

（2）为学生提供探究发现的机会。需要深入理解的重要观点一般是抽象的,意义常常是隐晦的,需要通过发现探究来揭示。因此,教师在安排教学活动时,不能仅靠讲授的方式教给学习者书本知识,而是要为学习者提供探究发现的机会,让学习者通过探究去探寻观点的意义。如此,学习者才有可能透过书本知识发现更深层次的含义,进行有意义的推论,达到持久理解。

（3）关注学生容易误解的内容。在设计教学活动时预测容易使学习者产生误解的内容,并给予重点指导。一般来说,容易产生误解的内容是抽象的内容,如概念;需要先前知识、生活经验和需要不断自我反省来实现完全理解的内容;抽象、隐晦、陌生或深奥的内容;在相对次要的材料中以概括的形式出现的内容,例如在自然科学、历史和数学练习册中出现的内容。在单元学习结束之前,教师可通过形成性评价来确定学习者的误解之处,帮助学习者及时纠正错误的理解或实现更深层次的理解。

（4）尊重学习者个体的兴趣、需要和学习风格。每个学生有不同的兴趣和需要,也存在不同的学习风格。形象思维占优势的学习者喜欢图表、幻灯片、动画卡片等直观教具;听觉功能强的学习者喜欢音像媒体的运用和讲演、背诵等学习形式;视觉/触觉型的学习者则喜欢书面作品、造句、记笔记、类推等学习形式。因此,教师要通过日常观察、谈话、同学座谈会等形式深入了解学习者,在设计教学活动时尽量考虑到不同类型学习者的特点。

(5) 选择恰当的教学方法。为了实现预期的教学目标,需要采用多样化的数学方法。在选用教学方法时,必须注意:① 没有哪种方法对于促进学习者的理解是唯一的或最好的。② 教学目标的实现一般需要多种教学方法的综合运用。③ 要根据具体的学习类型、预期的学习结果和其他条件(如时间、场地、设备等)的限制来选用教学方法。④ 对直接教学模式不要心存偏见。事实上,直接教学是帮助学习者在短期内系统掌握知识和技能最有效的教学方法,我们要合理地利用和发挥其优势。⑤ 不能一味地追求所谓的新型学习方式,要根据需要而定。

5.1.2　能力要求

构成专业的首要标准是完善的知识体系,以及根植于经验与理论的基础知识。因此,专业知识、文化知识、专业技能是能源动力类专业教师教学的重要基础。除此之外,基于多理论支撑、多策略整合的混合式学习模式对能源动力类专业教师的能力提出了新的要求。新的学习模式下,能源动力类专业教师应具备以下几种能力。

5.1.2.1　应用现代信息技术的能力

以现代信息技术为支撑的现代教育技术已经在教育教学活动中发挥越来越重要的作用,也改变了对教师专业素养的要求。这就要求教师不仅要具备利用现代信息技术获得最先进知识的能力,而且还应学会运用现代信息技术进行教学和指导学生的能力,对信息技术和学科知识进行有效的整合,以更好地提高教学效率。为此,能源动力类专业教师必须了解多媒体计算机技术和网络教学媒体的表现形式及构成形式,掌握其基本的操作方法,学会各种课件的制作及国内外电子邮件的收发和文件的传输,以满足最基本的教学需要。同时,还要熟悉并向学生推荐一些常用的教学网站,为学生提供不同层次和难度的任务模块,让学生在完成任务的过程中,学会管理和监控自己的学习过程,学生个体之间还可以相互合作,最终完成任务。另外,教师还可以运用该网站提供的模块,自己设计符合学生身心特点的任务。

5.1.2.2　全面的教学能力

教学活动是一个非常复杂的活动,它的影响因素有很多,如教师、学生、教学环境、教学情境、教学方法等。实践证明,教师是影响教学活动的重要因素。教学活动的成功与否,与教师教学能力的高低有着直接关系。

在传统教学活动中,教师是教学活动的主体,决定着教学活动的成败。尽管在当今教学活动中,教师不再是教学活动的主体,但教师仍扮演着指导者和组织者的角色,教师的教学能力仍然是教学活动研究的重要部分。同样地,在混合式学习理论的背景下,对能源动力类专业教师所具有的教学能力进行全面分析是十分必要的。总体而言,教师在教学过程中,必须具有分析教材的能力、运用各种教学方法的能力、运用现代教育技术的能力、掌握各个教学环节的能力等。具体而言,教师应该具有以下教学能力。

(1)预先设计能力。教师按照教学目标、课程特征、教学内容等,结合自己的专业知识和丰富经验,选择适当的内容和资源,对教学活动所涉及的各方面内容进行预先设计。

(2)实施能力。教师结合教学大纲及目标来对教学方案进行设计,同时恰当、科学地运用信息技术手段,从而实施教学方案和教学设计,进而对学生实施教育。

（3）组织和监控能力。在教学实施过程中,教师能够组织各种形式的活动,监控学生的学习行为,从而更好地实现教学目标。

（4）教学评价与改进能力。教师能够对自身和学生做出客观的评价,并能够自我改进。

5.1.2.3　较强的科研能力

随着信息技术、网络技术及交叉学科知识的迅速发展,知识的更新速度也在不断加快。在此背景下,教师必须具有很强的科研能力来适应时代的发展和知识的更替。这是新时代专业教师必须具备的一项能力,也是专业教师适应时代发展的重要途径。教师必须认清自己的不足,并在自身发展不足的基础上提高自己的科研能力和教学实践能力。简言之,教师在专业发展中,必须不断审视自己、完善自己。

在教师专业发展中,教师的科研能力包括很多内容,具体分析如下。

（1）对教育实践的反思能力。反思能力的获得并不是一朝一夕能够完成的,而是需要长期不断的坚持和进行阶段性总结。同时,在具体的教学中,教师还应该不断反思和分析自己,不断完善自己的教学实践,并最终形成一种能力——反思能力。

（2）进一步探索的能力。教师在具体的工作中,还应该对具体的学科知识、科研方法与内容及解决问题的策略等进行不断的探索。同时,在现有知识和经验的基础上,创造性地解决问题,并形成一定的方案。在这个过程中,探索能力是教师必备的能力,也是教师专业素养与创造性的集中体现。

（3）对新教学理论的吸收与实践能力。在知识不断更新的时代，教师现有的教育理论体系已经无法满足新时代的发展。教师必须从各个方面创造性地学习和钻研新的教学理论，并将这些新理论与自己现有的教育理论相融合，同时，将这些融合的理论内化为自己的教学技能，之后将这些内化的知识、理论和技能融入具体的教学实践中。

5.1.2.4 终身学习的能力

无论是教师还是学习者，都必须具备终身学习能力。终身学习的能力是混合式教学对教师提出的新要求，也是混合式教学背景下教师必须具备的一项能力。

终身学习思想历史悠久，它重视对人的教育，引导人在一生中要不断地学习和完善自己，同时，强调各种学习机会与教育机会优势的发挥。另外，终身学习思想还重视人一生的教育，强调教育的不间断性和全面性，注重自身学习活动与社会实践的发展。混合式教学本身就是集多种理论、多种学习方法于一体的教学方式，更需要教师的终身教学能力。因此，在混合式教学过程中，教师必须灵活掌握学习方式，适应新的学习方式，通过多种手段来获取更有价值的信息，从而提升自己各方面的能力。

5.1.2.5 交流与沟通的能力

社会是一个大环境，也是人类赖以生存的主要环境。随着社会的演变和发展，人类也在不断发展。人类的成长、发展和学习都离不开社会这个大环境，同时也离不开社会人群的各种帮助。众所周知，个人具有一定的潜能，但是毕竟一个人的能力、潜能和视野都是有限的，在个人现有能力的影响下，个人无法对所有所学的知识进行全局性、整体性的建构。因此，个人在建构知识、学习知识及成长的过程中需要社会人群的支持。

在信息技术时代,教师专业发展同样也需要社会人群的支持与帮助。实际上,在当今时代,高校教师专业发展更加注重教师的公共发展。教师公共发展的主要途径就是建立教师发展共同体。教师发展共同体的构建对专业教师提出了更多新的要求,即要求教师必须具有一定的社会交际和沟通能力。同时,教师发展共同体还要求教师在工作上多与其他人员进行交流与合作,在教学中不断反思和实践。另外,教师个人的能力和潜能是有限的,教师要意识到自己的优势和劣势,在工作中学会汲取他人的长处来弥补自己的不足。当教师遇到困难或难以独自解决的问题时,应该积极主动地向别人寻求帮助,以便顺利地解决问题,提高自己的知识和实践能力。上述方面的完成都需要教师具有一定的社会交际与沟通能力,因此,教师的社会交际与沟通能力也是教师专业发展的必备能力。

5.1.3　素质要求

5.1.3.1　以学生为中心的教学意识

在传统的高校教学模式中,教师在课堂上占据绝对的主体地位,他们是教学活动的掌控者、组织者,学生是被动地参与者。在这样的教学过程中,教师也不会意识到不同学生是存在差异的。即便注意到了这一点,大多数教师也会选择忽略。

实际上,在课堂中所有的学生形成一个多元融合体,他们来自不同的地区,具有不同的成长背景,这就使得他们有着不同的接受能力、不同的思维方式等。如果教师对所有学生都一视同仁,那么必然会削弱学生学习的积极性与主动性,也势必会导致教学效果不佳。教师应该以学生为中心,教师自身的角色也应该发生改变,从原本对课堂的控制者转变为对学生学习的辅助者,同时对待每一位学生都应该持有平等、公平的姿态。教师要认识到不同学生的背景差异与多样性,对不同的学生采用不同的方法,使学生成为教学的主体,展现自身的个性,从而更好地在多元的环境中开展学习活动。

5.1.3.2　信息化时代下的信息素质

随着科技的发展,人们认识到人才的高素质是一个民族强大的动力。而在所有素质中,信息素质又非常重要。因此,很多高校都十分重视学生信息素质的培养。但是,我国信息素质教育起步较晚,直到教育信息化实施后,才在一些条件较好的学校开设信息素质教育。对于在职教师的信息素质教育则根本未得到应有重视,甚至有的教师都不知道信息素质的含义。很多资料表明,我国高校教师的信息素质早已无法适应当今教育信息化对高等教育发展的需求,与发达国家相比,存在巨大差距。

5.1.3.3　厚重的品德和丰富的人性

品德在教师的教育教学中具有非常重要的作用,其地位是基础性的。不论是作为教师的人,还是作为人的教师,其品德的本质都是丰富的人性。不能离开人性对品德进行单独的强调,如果离开了人性只是谈论品德,那么,人就是没有人情味、没有感情、只有躯壳的道德标本。教学改革非常强调把学生作为教学的中心,这体现了教师对学生的尊重与关爱,这一理念贯穿于教师教学生涯的始终。教师应该先教会学生怎么做人,做一个具有高尚道德的人,这就要求其自身也是一个具有高尚道德的人。教师应该具有非常丰富的情感和色彩,这样课堂才会富有激情和诗意,教师才能不断用高尚的品德来塑造人。

5.2　传统教学模式下能源动力类专业教师的角色与局限性

5.2.1　传统教学模式的含义

传统课堂教学模式是指以老师、书本和课堂三者为中心的教学模式,教学者与学习者在同一空间、同一时间开展教学活动。传统课堂教学是指 19 世纪初德国教育家赫尔巴特创立的,后经苏联教育家凯洛夫发展形成的教学思想和模式,课堂教学形式就是大家熟知的组织教学、复习旧课、讲解新课、巩固新课、布置作业的"五段教学法"。从历史角度看,它曾经发挥过积极作用,即使在今天也不是一无是处的。

5.2.2　教师角色

教师角色是以教师教学行为作为主要表征的,是指处在教育系统中的教师所表现出来的由其特殊地位决定的符合社会对教师期望的行为模式。其行为方式及行为模式发生变化时,教师的角色也将发生相应的改变。在传统的教育理念和传统的能源动力类专业教学中,"传道、授业、解惑"是对教师角色的最佳概括,教师是教学过程的执行者、组织者和管理者,被赋予了传授知识、讲解内容的职责。他们的主要任务是将教材内容传授给学生,引导学生进行记忆和理解。这种角色定位下的教师通常扮演着知识的灌输者,学生被动接受知识。教师的角色比较单一,对于学生来说,教师是知识的拥有者和传播者,是学科内容的权威人物。事实上,这也是大多数工科专业在传统教学模式下的共性特点。一方面由于教师本身的学习历程,使得他们也在用同样的方式将知识传播给他们的学生。另一方面在传统教学中,学生习惯于被动地听教师讲授,习惯于以教师为中心的讲解式教学方式,接受教师的指导;听任教师的各种教学安排,尊重教师,不习惯对教师持批判的态度;学生习惯于集体学习,不习惯独立学习。因此,传统教学中的教师容易在这种"环境"中,强化自身的主体地位,把自己放在教学的中心位置,而往往忽视学生的主动性和创造性。

5.2.3　教学弊端

能源动力类专业传统课堂教学模式具有以下缺点:

(1)教师主导,学生被动接受。传统教学模式中,教师的地位是十分崇高的,教师主导教学活动,而学生则被动接受知识。教师长时间讲解,学生长时间倾听,使得学生的思维被束缚。学生缺乏积极性,只做必须的最低限度工作。这种模式导致学生思维的僵化,缺乏创新精神,对未来挑战缺乏准备。

(2)纸质教材滞后。传统教学模式中,通常使用纸质教材,但是随着科技的发展,信息更新迅速,纸质教材的知识储备可能会显得滞后。教师只能使用过时的教材进行教学,这无疑会给学生们带来不小的困扰。

(3)传授知识不足。在传统教学模式下,教师通常只传授知识,而忽略了培养学生的综合能力。教师大多只关注学生的学习成绩,却忽略了学生的思维能力和动手能力,学生在实际应用中往往显得力不从心。这也是因为传统教学模式中重视课本知识,而忽视了理论与实践相结合的教学理念。

(4)缺少互动与合作。在传统课堂的教学过程中对空间和时间有所限制,课堂上对理论的讲解过多,学生的实践时间比较少,巩固练习的时间更少,学生大多数处于被动学习状态,学生与老师之间以及学生与学生之间的互动形式单一,导致学生缺乏主动性和创造性,以及应用能力不强。

5.3　混合式教学模式下能源动力类专业教师的角色与职责

随着科学技术的飞速发展、知识的急剧膨胀,混合式学习、自主学习、创新教育等教育思想和教育观念逐渐深入人心,从而导致人们对教师角色的要求不断提高。对于能源动力类专业教师而言,最先面临 21 世纪初教师角色新挑战,承担教师角色新转变的重任。

5.3.1　新角色的定位

在新形势下,信息技术迅猛发展,教师在技术、知识上所具备的权威性受到极大的挑战。在新环境下,能源动力类专业教师对于知识传授者的角色是否有新的理解? 是否对教师的角色进行重新定位? 教师对自身的教学手段、角色转变是否感到不适? 教师如何转变自我并超越自我? 这些都说明教师作为知识传授者的角色应该改变。

传统的能源动力类教师所扮演的角色已经很难适应当今社会的需要。教师作为教学执行者的角色需要越来越淡化。也就是说,新形势下教师被赋予了新的多样的角色。下面就具体对教师角色进行重新定位。

混合式教学模式下能源动力类专业教师至少要承担以下

角色。

5.3.1.1 教学的设计者

混合式教学模式下,高校能源动力类专业教师作为教学的设计者,他们必须思考以下问题:我要教给学生什么?应该怎样教?教学的效果又会如何?

(1)高校教师要设计教学内容。在教材和教学内容的选择方面,高校教师具有极大的自主性。选择一本最新的教材是远远不够的,大学生渴望获得更广泛的信息和知识,这就要求高校教师至少要通读许多同类书籍,甚至为了求得甚解,还要参考一些专业原著。只有及时更新教学内容,紧跟时代的步伐,才能使教学变得有意义。

(2)高校教师要设计教学方法。为了使学生获得更多的知识,高校教师在教学中不仅要加强理论知识的讲授,还要保证实践技能的培训,这就决定了高校教师要针对不同的教学内容采用多种教学方法。多媒体技术在教学中的广泛应用,给教学提供了更广阔的空间,但同时也对高校教师提出了更高的要求。

(3)高校教师要设计科学的评价方式。评价高校的教学效果不能只看学生对知识的记忆,更要看学生能否利用这些知识来解决实际问题,能否整合这些理论来进行实践创新,以及能否应用所学的知识适应未来的工作岗位。科学合理的评价方式是现代高校教师必须深入思考的问题。

5.3.1.2 学习的指导者

网络时代的教育要求高校教师不能再把单纯的知识传授作为主要教学任务,而要把重点放在如何指导学生掌握学习方法上。联合国教科文组织国际教育发展委员会发表的《学会生存——教育世界的今天和明天》的报告中对教师的角色做了权威性的论述:教师的职责表现在已经越来越少地传递知识,而是越来越多地激励思考。除了他的正式职能以外,他将越来越成为一位顾问,一位交换意见的参加者,一位帮助发现矛盾观点而不是拿出现成真理的人。也就是说,教师的主要任务由"教"转变为"导"。

当前,高校学生获取信息、学习知识的渠道呈现出多元化趋势,他们能自主支配的时间也相对较多。能否合理地利用时间,采取有效的方法探寻真理成为影响高校学生学业成败的关键。由此可见,高校教师成为学生学习的指导者具有极为积极的意义。教师的学习指导者角色的功能是如何帮助学生正确选择有效的信息源和判断信息的可靠性;帮助学生形成正确的学习态度;指导学生掌握自主学习的方法,提高自主学习的能力;指导学生制订切合自身实际的学习计划;帮助学生掌握运用现代信息媒体获得知识的方法。

5.3.1.3 课堂的管理者

在混合式教学模式下,学生的自主参与、师生互动、生生互动逐渐增加,甚至成为课堂的主导形式,而以"做中学"为导向的教学、发现导向的教学、情境教学、案例教学等教学方式已成为主流。具体来说,在课堂的空间特征上,现代教学正在逐渐打破原有模式,将课堂扩展到实验室、课外、校外乃至其他教育机构;在课堂组织的时间特征上,既可以利用课内教学时间来进行,也可以利用课余时间来进行;在课堂组织的结构特征上,既可以采用集体教学的形式,也可以采用小组教学、研究班或讨论班、个别指导、师徒制等形式;在课堂组织的领导者上,既可以是本校教师或教师小组,也可以是社会其他机构的专业人员。以上教学模式具有极大的灵活性、可变性和情境性。因此，高校教师要重视课堂的控制和管理，包括组织课堂教学，处理教学过程中的偶发事件，与学生建立融洽的关系，了解学生的需要、学习特点、兴趣爱好、个性等，做到因材施教，处理研讨中出现的各种意见分歧等。

5.3.1.4 课题的研究者

课题研究已经成为能源动力类专业教师工作的重要组成部分，这里的研究既指教学的实践研究，也指专业性的学术研究。

首先，能源动力类专业教师作为教育教学的实践者，其工作具有时代性和情境性的特征。随着高校教学内容以及教学对象的变化，能源动力类专业教师必须不断地对自己的教学进行反思，把自己的教学活动作为研究对象。想要真正解决实际问题，提高自己的职业能力，做到因材施教，能源动力类专业教师就必须要进行教学研究，保证随时对教学中出现的问题进行科学分析。只有这样，才能找到解决教育教学中的实际问题的途径，才能根据不同的教学内容选择不同的教学方式，才能采取不同形式激励不同的学生。教师一旦以研究者的心态置身于教育教学情境之中，以研究者的眼光审视教育教学实践，就能更好地去发现和思考教育教学问题。

其次，作为学术研究者，高校教师还要从事与自己的教学内容有关的科学研究，提高自己的理论水平。著名教育改革家魏书生曾说过："谈到科研，老师们常认为那是科研人员的事。其实，这是我们每位教师分内的事，是每位教师心灵深处的需要。"能源动力类专业教师只有将教学与科研相结合，才能将教育教学工作提高到一种新的境界，也只有参与专业科研，其理论水平才能得到真正的提高,最终才有可能成为专家型教师。

最后,能源动力类专业教师只有成为课题的研究者,才能以身作则。现代高校聚集着优秀的人才,引领着科技的发展。如果不能对这些资源加以利用,使其转变为现实的生产力,将造成巨大的浪费。能源动力类专业教师成为课题研究者的深远意义在于吸引更多的人才加入科学研究的队伍中,从而极大地推动专业与学科的进步。

5.3.2　作用和职责

5.3.2.1　作为学习导师与促进者的作用

(1)帮助学生发展独立学习的能力。引导学生学会如何有效地使用资源,如何制订学习计划,如何评估自己的学习成果,帮助学生逐步培养起独立学习的能力。

(2)促进学生批判性思维能力的发展。通过提出问题、设计活动、引导讨论等方式,鼓励学生对所学内容进行批判性思考,帮助学生学会质疑、分析和评价信息,从而发展其批判性思维能力。

(3)激发学生的学习兴趣,培养其积极的学习态度。教师通过多样化的教学方法、丰富的学习资源、生动有趣的教学活动等,激发学生的学习兴趣,培养学生积极的学习态度,使学生能够积极主动地参与学习,取得更好的学习效果。

5.3.2.2　作为学习环境创设者和管理者的作用

在混合式教学模式下,教师还应当完成以下职责。

(1)制定课程目标和学习成果。教师应明确课程目标和学习成果,并将其转化为可测量的学习目标和行为目标,使学生清楚地了解课程要求。

（2）教师应以学生为中心，充分考虑学生的认知水平、学习风格和兴趣爱好，设计出适合学生需要的学习内容和活动。

（3）教师应注重课程内容的整合，将理论知识与实践应用相结合，使学生能够将所学知识应用于实际生活和工作中。

开展混合式教学的主要环节有：

（1）设计教学内容和活动。① 教师应根据课程目标和学习成果，精心设计教学内容，包括理论知识、实践活动、案例分析、讨论等多种形式。② 教师应合理安排教学活动，确保学生有充足的时间进行学习和实践，并提供必要的指导和支持。③ 教师应注重教学方法的多样化，结合传统教学方法和现代教学技术，激发学生的学习兴趣，增强教学效果。

（2）监控教学过程的实施。① 教师应认真组织教学活动，严格按照教学计划和教学进度授课，确保教学任务的顺利完成。② 教师应密切关注学生的学习情况，及时发现和解决学生在学习中遇到的问题，并提供必要的帮助和指导。③ 教师应定期进行教学评估，以了解学生的学习效果和教师的教学效果，并及时调整教学策略和内容。

（3）组织反馈和评价。① 教师应及时提供反馈，包括对学生作业、考试和项目的反馈，以及对学生学习态度和学习行为的反馈。② 教师应采用多种评价方式，包括形成性评价和终结性评价，以全面评价学生的学习成果和学习过程。③ 教师应将评价结果作为教学改进的依据，及时调整教学策略和内容，以提高教学效果。

（4）促进师生互动和协作。① 教师应营造融洽和谐的师生关系，鼓励学生积极参与课堂讨论，并及时回答学生的问题。② 教师应鼓励学生之间开展合作学习，通过小组讨论、项目合作等方式,培养学生的团队合作意识和能力。③ 教师应利用现代信息技术促进师生互动和协作,如使用在线论坛、社交媒体等平台,与学生进行交流和互动。

5.4　角色转变的方向

5.4.1　由控制者到促进者

控制者是对传统教师角色的定位,其特点是控制学生的时间、空间、思想和权利,培养会听话、会考试的学生。促进者是对现代教师角色的定位,其特点是解放学生的时间、空间、思想、权利,培养能够自主发展的学生。

强调教师由学生学习的控制者转变为学生学习的促进者,意味着要把学习的自由和权利还给学生。自由是人精神成长的"空气",学生在具体教学中的自由包括:一是时间的自由,即学生拥有自由支配的时间;二是方式的自由,即每个学生拥有按照自己擅长和喜欢的方式进行学习的自由;三是思想的自由,表现在独立思考、个性化理解、自由表达的自由和权利,质问、怀疑、批判教师观点或教材观点,以及其他权威的自由和权利——不能因为自己见解的独特性或不完善性乃至片面性,而受到精神或肉体处罚,以及不公平评价或对待。课堂教学必须把学生的学习权利放在首位,不能以任何理由侵犯或僭越他们的权利。缺乏自由的教学是不道德的教学,这种教学无论多么"有效",最终都不利于学生个性的自由健康发展。

5.4.2　由讲授者到引导者

讲授者是对传统教师角色的定位,它表现为直接教学,教知识,讲知识,把学生教会;引导者是对现代教师角色的定位,它表现为间接教学,教方法,讲方法,让学生学会。教师通过讲授,把现成的知识教给学生,往往使人产生一种错觉,似乎学生只要认真听讲就可径直地获取知识。而实际上,学生对任何知识的真正掌握都是建立在自己的独立思考上的。正如每个人都只能用自己的器官吸收物质营养一样,每个学生也只能用自己的器官吸收精神营养。教师不可能代替学生读书、感知、观察、分析、思考,也不能代替学生明白任何一个道理和掌握任何一条规律。教师只能让学生自己读书,自己感受事物,自己观察、分析、思考,从而使他们明白事理,掌握事物发展变化的规律。

从讲授者到引导者的转向体现了教学过程中对学生独立性的认可和尊重。从客观上讲,每个学生都有独立的意识和独立的能力。独立的意识主要表现在:学生觉得自己能看懂的书,就不想再听别人多讲;自己能明白的事理,就不喜欢别人再啰唆;自己能想出解答的问题,就不愿让别人提示;自己会做的事,就不愿再让别人帮助或干涉。独立的能力主要表现在:第一,学生已有的知识和能力,许多课堂上没有教过的社会生活知识和能力,绝大部分都是他们在自己的生活和活动中独立学来的;第二,即便是教师教给他们的东西,也是靠他们已经具有的基础,运用他们已经具有的独立学习能力,才能被他们真正理解与掌握。著名教学论专家江山野据此指出,学生在学校的整个学习过程就是一个争取独立和日益独立的过程。从主观上讲,学生的独立意识和独立能力还有赖于教师的培养和进一步提高,特别是在基础教育阶段,对待学生的独立性和独立学习,还要有一种动态发展的观点。从教与学的关系来说,整个教学过程是一个"从教到学"转化的过程,也是从依赖到独立的过程。在这个过程中,教师的作用不断转化为学生的独立学习能力;随着学生独立学习能力的由弱到强、由小到大的增长和提高,教师的作用在量上也就发生了相反的变化,最后是学生基本甚至完全独立。为此,教师要充分尊重学生的独立性,积极鼓励学生独立学习,并创造各种机会让学生独立学习,从而让学生发挥自己的独立性,培养其独立学习的能力。

5.4.3　由主角到配角

这体现了以学生为中心的教学理念。在传统课堂中,教师是课堂的主角,是课堂节奏的驾驭者,是教学内容、教学方法的定夺者,一切唯教师马首是瞻:课前按教师的要求预习,课上按教师的组织学习,课后按教师的布置复习。在整个学习过程中,学生得全方位地"配合"教师。教师讲话时,学生不做小动作、不说话、不东张西望、认真听老师讲;教师提问时积极发言、踊跃回答,还要回答得正确流利;教师让学生讨论时,学生要围绕主题热烈讨论,不要沉默冷场。如果学生不认真听讲,回答问题错误或者发言不积极,没有达到教师所预设的教学效果,教师就抱怨是学生不配合引起的。教师期望的是学生按教案设计给出回答,教师的任务就是努力引导学生,直至得出预定答案。学生在课堂上实际扮演着配合教师完成教案的角色。于是,我们就见到这样的景象:课堂成了演出"教案剧"的舞台,教师是主角,学习好的学生是主要的配角,大多数学生只是不起眼的群众演员,很多情况下学生只是观众与听众。

我们知道,课堂教学的主要矛盾是教材与学生的矛盾,课堂教学是围绕这一对矛盾运动而展开的。其他矛盾都是从属并为解决这对主要矛盾而存在和发展的。在教材与学生这对主要矛盾中，教材是矛盾的主要方面，学生是矛盾的主体力量，解决学生和教材之间的矛盾，主要靠学生自身主动性、积极性的发挥，不能由别人代替。因此，课堂的中心是学生的学习，学生的学习是课堂教学活动的主线，教师的教学及其设计要以学生的学习及其活动作为线索和依据。总之，学生是课堂的主角，教师是配角。

此外，从"配合"的角度讲，应当是教师配合学生，而不是学生配合教师，因为课堂的任务和目标是学生的学习和发展。人本主义心理学认为，教师要成为方便学生学习的人，这也说明教学中教师应配合学生。值得强调的是，教师配合学生绝不意味着教师的作用是消极的，教师的配合是创造适合学生学习和发展的教育的根本保障。

第6章

能源动力类专业混合式教学实施案例

6.1 基于虚拟仿真驱动的混合式实验教学方法 ——以流体力学为例

6.1.1 虚拟仿真平台的设计与开发

基于"开放共享、自主创新、综合设计"的主导理念,借助 Unity 3D 软件的虚拟仿真功能,利用虚拟化的方式分别将真实实验进行重构,实现线下实验教学场景的高仿真度再现。系统包括原理预习、基础认知、综合操作、设计优化和前沿探究五大环节,覆盖实验全过程,见图 6-1。在开发过程中,充分考虑了系统功能拓展需求及资源共享需求,预留关键参数重置模块,鼓励学生在掌握基础验证实验的基础上,自主设计实验内容,规划实验步骤,取得创新成果。此外,还将实验设计模块化,便于今后开展多种内容丰富的项目式实验时调用。

虚拟实验系统主要面向教师用户和学生用户,由用户界面交互模块、菜单导航模块、仿真实验模块、用户管理模块组成,见图 6-2。教师通过系统可完成实验项目发布和电子实验报告在线批阅等教学活动;学生用户模块则围绕用户登录、实验列

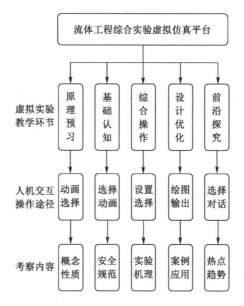

图 6-1　流体力学综合实验虚拟仿真系统构建

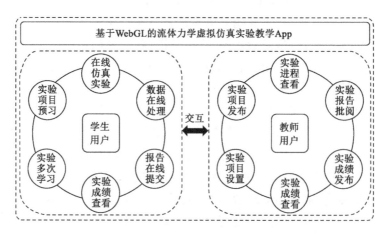

图 6-2　虚拟仿真平台的整体架构

表获取而展开,学生通过互联网访问该平台,在系统中可完成在线预习、仿真实验、数据分析、成果保存、报告提交等学习活动。最终形成的报告既包含知识预习、实验成果等主要内容,又涵盖学生姓名和学号等用户信息,这种格式化的电子报告也为文档的存档和调阅提供了便利。

　　系统的开发流程如下:首先,根据各部件的参量在 Blender 中对每个零部件进行独立建模;然后,将在 Blender 中建好的 3D 模型以 fbx 文件格式导入 Unity;最后,根据实验仪器的机械结构在 Unity 中进行组装。根据教学需要和支撑作用指定模型之间的主从关系,并使用 VRay 渲染软件对模型添加恰当的材质和贴图,进一步增强模型的真实感。从用户使用角度出发,为了提高人机交互效果,分别对鼠标左、中、右键进行功能设定,可以便捷地对仪器进行转动、平移、放大及缩小操作,从而实现从空间任意角度观察认知仪器的结构。虚拟仿真系统的开发流程见图 6-3。

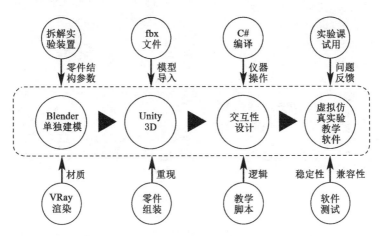

图 6-3　虚拟仿真系统的开发流程

所开发的虚拟仿真实验平台包含组合管路实验、流量分配实验、水锤冲击实验、水泵扬程实验、流致振动实验、能量方程实验、水泵汽蚀实验和水泵性能实验八个子项目,各实验的主要用户界面请见图 6-4。每个虚拟实验项目包含两个层次,即基础型实验和拓展型实验。基础型实验是将线下实物实验装置虚拟化,为学生提供实验预习资源;拓展型实验开发了具有工程应用背景的大尺度、多约束实验,将流动过程进行虚拟化和可视化还原,旨在提高学生的工程思维和解决实际问题的能力。例如,现有能量方程实验是验证性实验,未考虑流动过程中外界对流体输入的能量,而当流动过程有水泵、风机等动力机械做功时,在应用伯努利方程时需考虑外界输入的功,目前市面上未见能满足相关需求的实验装置。为此,开发了考虑外界做功的拓展型能量方程虚拟仿真实验,可以弥补现有实物实验的不足,将验证性实验转变为设计性实验。

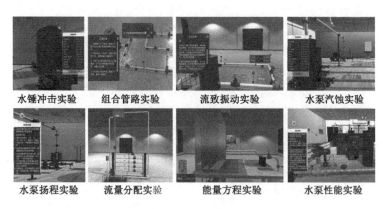

水锤冲击实验　　组合管路实验　　　流致振动实验　　　水泵汽蚀实验

水泵扬程实验　　流量分配实验　　　能量方程实验　　　水泵性能实验

图 6-4　系统的用户界面

虚拟仿真实验设计了参数设置、实验操作、数据记录、数据存储四个功能模块。如在能量方程实验中,可在"初始参数设置"中调节水箱内的液位高度。在"加速实验"或"减速实验"中,可通过粗调、细调、微调三级调节手段,精确控制实验段内的流量。在实验操作模块,以图文并茂的形式展示了主要的实验步骤及操作方法。实验测得数据可直接显示在记录表中,根据需要对成果进行保存。

充分还原现实对确保用户的学习体验非常重要。为此,对虚拟仿真实验采用以实补虚的方法提高用户体验。以阀门为例说明如下:① 模型仿真,根据装置功能属性和部件运动关系,运用碰撞监测、边缘分割优化模型的运动形态,利用材质球修饰器设定模型的皮肤,通过精细分层和渲染处理增强模型的质感;② 功能仿真,通过大量线下实验,测量掌握壁面静压力与工质流量的变化规律,以及流速与阀门开度的对应关系,在虚拟实验开发时,利用多项式拟合的方法创建作业脚本,并使用 Unity 3D 引擎进行绑定和挂载。虚拟实验时,用户可调节阀门开度,获得与真实线下实验一致的流速和压力。

6.1.2 课程评价方法

在线下实验教学过程中,成绩的给定主要依据小组的实验质量和个人的报告完成情况进行评定,这种成绩评价方法不能真实地反映出每个学生个体对实验原理的掌握和运用程度。很多学生不注重课前预习,导致需要超出计划学时的时间才能完成实验任务。事实上,实验成绩的考核方法对学生心态有重要影响,实验成绩的评价应兼顾过程性评价和终结性评价,不仅有利于培养学生动手实践能力,激发创新潜力,还可为虚拟仿真实验的持续优化提供依据。

一套科学客观的考核方法应体现出实验教学目标和人才培养目标,为此,在现有考核方法的基础上,设计了"安全＋过程"的多位一体评价方法,实现虚拟仿真实验"准入—预习—实验—报告"四级联动,见表 6-1。

表 6-1　实验评价内容与评价方法

评价内容	评价方法	赋分
安全准入	安全操作及防护常识的掌握程度	15
实验预习	基础理论知识和实验原理的掌握度	15
实验过程	人机交互的合理性和结果的准确性	50
实验报告	报告的完成度、正确性和规范性	20

实验前的安全准入强化了对实验安全的要求,占 15 分,系统根据选择题的正确性赋分,每题 1 分。根据过程性评价及终结性评价的需要,从实验预习、实验过程、实验报告三个层面对虚拟实验操作进行评价:① 实验预习,实验前学生必须预习要点内容,并答对 15 道选择题后,方可进行仿真实验,系统根据选择结果的正确性赋分,每题 1 分。② 实验过程,记录学生在实验过程中的操作,根据交互式对话结果评价学生操作的规范性及完整性,以及对重点知识掌握和运用的准确性,每个实验平均有 10 步人机互动操作,实验过程每个互动环节结果正确就赋 5 分,错误不扣分,共 50 分。③ 实验报告,在实验报告中阐述问题分析、方案设计、数据处理、结果说明,基于计算结果完成实验机理探究,这部分占 20 分(其中数据整理结果正确赋10 分,问题陈述正确赋 10 分);例如,能量方程实验中提供三类不同物性的工质,学生根据工程情景需要,自主选择合适的

工质,分析物性对阻力的影响,自主完成流动工况设计和优化过程,实验报告中流速水头计算正确赋 5 分,总水头计算正确赋 5 分,成果分析正确赋 10 分。虚拟实验评价方法的三个层面环环相扣,可以加强学生对实验目的、原理、仪器构造等内容的掌握程度,提高学生的实践能力和创新意识。教师可根据系统导出的反馈数据掌握学生预习与操作情况、目标达成情况等。

6.1.3 虚实融合的流体力学教学体系构建与应用

基于实验台的实物实验可以从视、听、感、触多维度提供全方位的观察体验,具有真实性的固有优势,但易受经费、场地、仪器性能等因素的制约,且无法满足复杂、极限实验的需求。与之相反,虚拟实验的真实性体验较低,但能提供大尺度、多工况、高参数的复杂实验内容,且建设成本低,不受时间、场地等因素制约,是对教学方式的有益补充。可见,整合实物实验和虚拟实验资源,实现两者之间的优势互补,建立虚实融合的教学体系能够弥补单一教学手段的不足,是未来实验教学模式的必由之路。

6.1.3.1 混合式实验教学体系的构建

实验教学以培养学生的动手能力和创新思维为核心,与课堂理论教学相辅相成,着重促进学生能力及素质的全面发展。面向流体力学开发了静力学实验、流动演示实验、雷诺实验、能量方程实验、沿程阻力实验、局部阻力实验、孔口出流实验、动量定律实验、水泵性能实验、风机性能实验共计 10 个实验项目,拥有 38 套实验设备,可覆盖流体静力学、流体动力学、流体运动学、黏性流体流动、能量损失、气体动力学等主要内容,学生根据自身兴趣选做两个实验。在实物实验过程中,教师组织学生动手操作仪器设备、真实观察实验物理现象,培养学生观察问题、分析问题的能力,以及学生的团队意识和协作精神。学生通过线下实验可以学会流量、压力的测量方法,以及微压计、皮托管的工作原理,从而掌握流体力学基本实验方法。

为满足流体力学教学模式转型的需求,整合真实物理实验装置和虚拟仿真实验平台资源,构建了以虚实融合为核心的教—学—督—管四位一体的教学模式。在这种教学模式下,教师、学生、教学督导、教学管理员之间可以以虚拟实验平台为媒介建立关联。通过该平台,教师可以发布实验项目、批阅实验报告;学生可以完成虚拟实验、拓展工程应用;督导专家可以查看实验教学进度、评价教学效果;教学管理员可以管理课程学习档案。因此,通过虚拟仿真实验平台搭建教师、学生、督导专家、教学管理人员的桥梁,可以实现教—学—督—管深度融合,促进实验教学效果和管理水平的全面提升。

6.1.3.2 教学方法设计

基于构建的虚实融合教学平台,设计了两步走的实验教学方法。首先,通过相关虚拟现实教学模拟情景,让学生先利用虚拟仿真实验平台直观地了解实验内容、实验原理、实验装置、实验方法,掌握实验的意义以及对应知识点在整个课程体系中的作用,并借助虚拟仿真实验平台完成虚拟实验操作。在此过程中,按照实验进程循序渐进地设置了多个不同的人机互动环节,以便对实验中需要着重考察的重要知识点进行强化练习。在形成足够的认知后,组织学生开展线下实物实验,充分利用现有的实验条件,加强学生对实验现象的切身体验。虚拟仿真实验不仅可以帮助学生提前熟悉实验装置及方法,还能拓展延伸工程应用实践。如借助虚拟仿真实验平台,学生可观察层流与紊流流态转换过程中不同尺度涡团结构的形成及演变过程;通过层流病房、汽车车身设计等案例,学生可深刻理解层流与紊流的实际应用。基于上述方案将实物资源与虚拟资源整合利用,建立线上、线下耦合的实验教学方法,达到虚实结合、以虚助实的目的,在加深学生的知识理解与应用拓展的同时,也能弥补部分实验无法实地操作的问题。此外,基于虚实融合的教—学—督—管四位一体的教学模式还满足了督导专家评估实验教学质量,以及教学管理员管理课程教学档案的需求。

6.1.3.3　实践效果分析

借助虚拟现实技术把实验教学条件无法满足的工程实际情景引入流体力学实验教学过程的各个环节,并与实验教学中已有的现实条件深度融合、相互促进。实践表明,通过虚实融合实验教学方法创新,促进了各个环节的有机结合,克服了线下、线上单一教学模式的弊端,使实验教学效果得到明显提高。采用 SPSS 统计学软件对统计数据进行分析,计数资料以 n(%)表示,采用卡方 χ^2 检验,$P<0.05$,差异有统计学意义。结果表明,虚实融合的教学方法能够提高学习兴趣的同学占95%,认为能够拓展认知范围的占 89%。虚实融合的实验教学方法提高了教学效果,例如在雷诺实验中,通过虚实融合实验教学方法,95%的学生能够准确地描述层流及紊流的特征,正确操作实验装置和采集实验数据,准确完成数据处理和雷诺数计算,优于传统线下教学效果(91.2%),差异有统计学意义($\chi^2=5.03$,$P<0.05$)。

实验教学对于帮助学生消化理解和灵活运用基础理论知识、培养学生解决复杂工程问题的能力具有重要作用,是高等教育的重要环节。基于实验装置的实物实验和基于虚拟现实技术的虚拟仿真实验优缺点各异,采用单一的实验教学手段会存在明显的局限性,不利于学生眼界的开拓和创新能力的培养。深入挖掘和充分发挥各自的优势,深度整合多元化的教学资源,构建虚实交叉融合、线上线下并行的实验教学模式,既能够有效解决线下实物实验教学存在的场地不足、设备缺乏、无法拓展等缺点,又可以避免线上虚拟实验缺乏真实过程体验的不足。基于 Unity 3D 软件对流体力学实验进行重构,开发了虚拟仿真实验系统。实践表明,这种深度融合的实验教学方法可充分弥补当前教学手段的不足,促进学生创新能力及实践能力的培养。未来将深入开展科教融合,根据数值模拟和实验结果优化仿真实验,持续提升虚拟实验效果的真实感和实验教学的质量。

6.2 基于 MOOC 的线上线下混合式教学的构建与应用——以雷诺数的测量为例

6.2.1 课程目标

6.2.1.1 知识目标

(1)熟练掌握层流、紊流的概念,能够准确描述层流、紊流的流态及其转换特性。

(2)了解流态转换的原理,能够准确描述流体主要物理属性及其力学特性。

(3)了解流态转换与临界流速,以及与临界雷诺数的关系。

6.2.1.2　能力目标

（1）能够熟练应用雷诺数对圆管中的层流和紊流进行判别。

（2）能够从定量和定性两个层面分析沿程水头损失与液流形态之间的关系。

（3）能够根据已知条件对工程问题进行分析,利用流速、直径、黏度计算有压流的临界雷诺数。

6.2.1.3　素质目标

凸显课程价值引领功能,实现知识传授、能力培养和价值塑造三位一体的教学目标。具体如下:

（1）通过介绍课程知识在大国重器 C919 大飞机和大国工程港珠澳大桥中的应用,激励学生工程报国的信心和决心。

（2）通过实验引导学生分析问题、构建知识,培养学生的工程思维。

6.2.2　构建原则

6.2.2.1　全面发展性原则

《国家中长期教育改革和发展规划纲要（2010—2020 年）》提出要培养大批国际化人才。国际化人才首先需要具备熟练应用外语的能力,还需要具有国际视野、创新思维,以及运用专业知识解决复杂问题的能力,从而适应社会行业发展的需要。基于 MOOC 的大学流体力学混合式教学模式的构建需要以学生的全面发展为目标,教师的教学过程不能仅限于基础知识的传授,而且要注重学生应用与分析能力的提升、自主学习习惯的培养、运用基本原理处理实际问题的能力,以及小组协同合作能力等方面的发展。

6.2.2.2　互动参与性原则

混合式教学模式的构建需要实现各个主体之间的互动,也就是学生与教学资源之间、学生之间、学生与授课教师之间的互动交流。基于 MOOC 平台的线上混合式教学不仅需要满足学生与平台教学资源的人机互动,还需要在模块设计中充分体现教师与学生之间的人人互动。在线下混合式教学中,教师应灵活运用适合于大学课程的合作、探究、情境式等教学方法,帮助学生主动参与到大学课程的学习中。

6.2.2.3　学生主体性原则

传统的流体力学课堂往往是教师占领主导地位,忽视了学生的主体地位。而在基于 MOOC 的流体力学混合式教学模式的构建中,教师进行教学设计前要对教学要素进行全方位的前期分析,例如对学习者特征、教学目标、教学内容、教学策略、教学环境的整体分析,设计出适合学生的 MOOC 教学视频,运用能够最大限度地发挥学生主体性的教学方法,调动学生在流体力学课程中的学习兴趣。

6.2.2.4　实用媒体性原则

教育心理学研究提出:五种感官在人类学习中,听觉与视觉占据重要地位,分别占比 11%、83%。因此,教师在设计流体力学 MOOC 教学视频时,需要把握学习者多感官的交互刺激,充分调动学生的学习效能,在呈现的教学视频中,知识点内容的阐述要言简意赅,过度冗余的内容不利于学习者知识点的建构。在课中媒体的运用,还需注重媒体运用的适度性,教师应结合本节课讲授的内容,并考虑到学习者的接受能力来进行组合优化应用。

6.2.3　教学设计

基于 MOOC 的混合式教学设计注重创新能力培养,对每次课的教学内容进行分析,根据内容确定教学模式,始终围绕学以致用的设计思路,运用了三种教学设计,如图 6-5 所示。

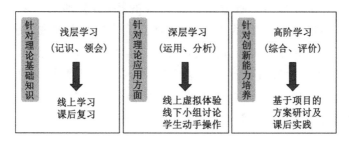

图 6-5　基于 MOOC 的混合式教学设计

第一,针对理论基础知识,设计为线上学习,达到记识和领会这一学习层次,视为浅层学习。课前布置 MOOC 线上内容,同时提出几个问题便于学生明确需要掌握的知识点,充分调动学生自主学习的兴趣,使学生带着问题进行学习。学生根据自身情况,适当安排相应的学习时间,同时教师提供答疑群供学生随时解决学习中存在的疑问。实体课堂上,对于基础知识部分,教师以复习提问或小测形式了解学生线上学习情况;检查知识点的掌握情况,精讲关键知识点,引导学生主动思考,循序渐进地开展教学活动。

第二,针对理论应用方面,设计为线上虚拟体验、线下实体课堂及学生动手操作,达到知识的运用与分析,视为深层学习。教师根据理论知识点规划虚拟体验内容及线下课堂内容,掌控课堂节奏,引导学生去探究问题,结合实际研讨问题。同时,课程配备了完善的技能培训实验室和现代化的多媒体培训实验室,引导学生将理论知识应用到具体实践中,加强对知识点的深入掌握及灵活运用。

第三,针对创新能力培养,设计为基于项目学习的课堂讨论及课后实践,达到知识的融会贯通及能力提升,视为高阶学习。考虑课程与工程设计紧密结合的特点,教师设计多个项目,项目内容融入课程思政元素,注意价值观及人生观的引领。课上学生和教师讨论分析设计方案、结构合理性及实际加工问题,课下学生改进设计并搭建模型,使学生在掌握知识的基础上提升设计能力,同时体验产品整体由设计到制造的全过程,并通过绘图将自己的设计方案呈现出来。

6.2.4 实施过程

6.2.4.1 案例引领

播放国产大飞机 C919 首飞成功视频,介绍机身气动布局对大飞机设计与制造的影响,引入新课(见图 6-6)。学生认真观看视频,主动思考,在学习中激发兴趣,激发民族自豪感,渐进地进入学习状态。

6.2.4.2 应用解析

结合文献资料,讲解降低大飞机阻力系数在降低能耗、减少噪声方面的重要作用,向学生介绍自然层流减阻技术的应用使国产大飞机 C919 阻力系数进一步降低 5%(见图 6-7)。学生紧跟教师讲解与引导,熟悉流态控制在大国重器中的技术应用,认真思考问题。

图 6-6　课程的案例引领

图 6-7　课程的案例解析

6.2.4.3　问题导入

由层流减阻技术的重要工程应用,自然地引出问题、启发思考。学生跟随教师的讲解思路,主动思考并提出问题,与教师互动。通过师生互动产生共鸣,层层递进,激发探索欲望。

6.2.4.4　实验探索

　　介绍经典雷诺实验,进行案例式教学。学生认真观看,跟随教师语言观察实验现象,在掌握知识点的同时,积极思考流型的分类,理解水平直圆管内单相水的流态及转换特性。同时,教师利用实验结果向学生展示水平直圆管中单相水的层流和紊流,让学生总结实验现象,驱动学习目标的达成(见图 6-8)。紧跟教师讲解,认真观察实验现象,主动思考流型特征。

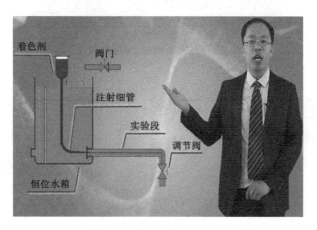

图 6-8　课程的实验结果分析

　　采用启发式教学方法,鼓励学生利用小组探究的方式描述流态,给出流型特征的准确描述。学生认真聆听,观察动画,深刻理解层流和紊流的流动特征。

6.2.4.5　问题分析

　　教师讲解流动阻力与流态的关系,指出层流下的流动阻力小于紊流下的,回忆课程开头部分层流减阻技术在国产大飞机

C919 设计中的应用,使学生理解为何层流可以降低流动阻力
(见图 6-9)。学生认真听取教师讲解的内容,主动对知识进行
关联,建立知识点与工程应用之间的关联。通过内容呼应,进
一步揭示层流减阻的工作原理,使学生建立知识点与工程应用
的密切联系,强化学以致用。

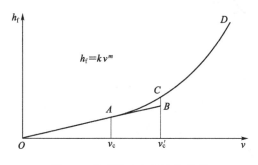

图 6-9　沿程阻力与流速的关系

6.2.4.6　机理揭示

教师对实验现象蕴含的物理机理进行阐述,指出层流和紊
流的变化,其本质是流体惯性力和黏性力主导地位的变化,从
而使学生恍然大悟:流速并非判别流态的标准,此为本课的"课
眼"。通过前面层层递进的铺垫,讲述衡量惯性力与黏性力关
系的无量纲准则数——雷诺数,介绍判别流态时使用的临界雷
诺数,从而点出微课的主题:雷诺数是流态的主宰。学生紧跟
教师讲解的思路,深入理解惯性力和黏性力在流态转换过程中
扮演的角色和起到的作用。在教师的引导下,学生深入思考和
领会,理解雷诺数对流态转换的影响和作用,掌握雷诺数的计
算方法。

参考文献

［1］曹玮,许亚敏,陆紫生.能源动力类虚拟仿真综合实践平台建设［J］.中国教育信息化,2021(4):71-74.

［2］康洁平.信息化背景下高校英语混合式教学模式探索与应用［M］.北京:中国书籍出版社,2021.

［3］李乃良,杜雪平,王利军.虚拟仿真驱动的混合式流体力学实验教学方法探索［J］.力学与实践,2024,46(6):1-7.

［4］李湛,赵瑛.线上线下混合式教学模式研究与实践［M］.北京:中国水利水电出版社,2020.

［5］刘新阳.教师教学设计能力研究:理论、方法与案例［M］.北京:中国社会科学出版社,2021.

［6］刘银燕.高校英语线上线下混合式教学模式研究［M］.长春:吉林出版集团股份有限公司,2022.

［7］刘紫玉.个性化视角下大学混合式教学模式研究［M］.北京:知识产权出版社,2021.

［8］迈克尔·霍恩,希瑟·斯特克.混合式学习:21世纪学习的革命［M］.混合式学习翻译小组译.北京:机械工业出版社,2016.

［9］毛正天,赵洪秀,窦凯旋.课堂教学组织策略研究［M］.长春:吉林出版集团股份有限公司,2020.

［10］任瑞仙.基于 MOOC＋SPOC 平台的 C 语言混合式教学设计［M］.北京:中国铁道出版社,2023.

［11］王琨.课程信息化建设及混合式教学改革与实践:以"土木工程材料"为例［M］.徐州:中国矿业大学出版社,2019.

［12］邢红军.大学教学设计精进教程［M］.北京:中国科学技术出版社,2020.

［13］杨全中,陈永伟,李晓丽.基于金课建设的混合式教学改革与实践研究［M］.郑州:郑州大学出版社,2023.

［14］钟志贤.大学教学模式革新:教学设计视域［M］.北京:教育科学出版社,2008.

［15］周婧玥."互联网＋"时代的混合式教学:基于一流金融人才培养的视角［M］.成都:西南财经大学出版社,2020.